# 信息化和工业化融合
# 百问百答

国家工业信息安全发展研究中心　编著

电子工业出版社
Publishing House of Electronics Industry
北京·BEIJING

未经许可，不得以任何方式复制或抄袭本书之部分或全部内容。
版权所有，侵权必究。

图书在版编目（CIP）数据

信息化和工业化融合百问百答 / 国家工业信息安全发展研究中心编著. -- 北京：电子工业出版社，2025.6. -- ISBN 978-7-121-50359-7

Ⅰ．TN014-44

中国国家版本馆 CIP 数据核字第 202504AL42 号

责任编辑：缪晓红

印　　刷：河北迅捷佳彩印刷有限公司
装　　订：河北迅捷佳彩印刷有限公司
出版发行：电子工业出版社
　　　　　北京市海淀区万寿路 173 信箱　　　邮编：100036
开　　本：720×1 000　　1/16　　印张：11　　字数：186 千字
版　　次：2025 年 6 月第 1 版
印　　次：2025 年 6 月第 1 次印刷
定　　价：90.00 元

凡所购买电子工业出版社图书有缺损问题，请向购买书店调换。若书店售缺，请与本社发行部联系，联系及邮购电话：（010）88254888，88258888。

质量投诉请发邮件至 zlts@phei.com.cn，盗版侵权举报请发邮件至 dbqq@phei.com.cn。

本书咨询联系方式：（010）88254760，mxh@phei.com.cn。

# 《信息化和工业化融合百问百答》编委会

**主　任**　蒋　艳
**副主任**　廖　凯
**成　员**　李　君　马冬妍　陶　炜　李　强　窦克勤　夏宜君
　　　　　　殷利梅　周　剑　徐顺怡　刘　欣　柳　杨　刘　帅
　　　　　　唐毅强　袁　兵　杜佳诚　李孟隆　付宇涵　王庆瑜
　　　　　　魏梦阳　王　琦　黄　洁　栾　燕　郭晁煜　刘玫燚
　　　　　　王　晶　胡　铂　王婷婷　朱永伟　赵令锐　王梦梓
　　　　　　王宏洁　陈俊岳　郑永亮　邱君降

# 前　　言

信息化和工业化融合（简称两化融合）是党中央、国务院立足我国基本国情，在工业化尚未完成的前提下，抢抓信息化发展先机，推进信息化和工业化两大历史进程协调融合发展所作出的战略选择，也是从党的十六大到党的二十大一以贯之的重要部署。长期实践表明，两化融合是中国特色新型工业化道路的本质特征和实现路径，是以新型工业化推进中国式现代化的科学之路、成功之路。近年来，随着5G、大数据、云计算、人工智能、区块链等新一代信息技术的加速创新，两化融合的深度和广度不断拓展，衍生出一系列促进传统产业数字化、网络化、智能化转型的概念和工作，催生出一系列新产品、新模式、新业态。新时代新征程，推进新型工业化，加快建设制造强国和网络强国，促进新一代信息技术全方位、全链条的普及应用，仍要继续写好信息化和工业化深度融合这篇大文章。

为进一步帮助各界厘清两化融合领域多样、复杂的概念，理解和把握两化融合的核心价值观、规律特征、发展现状和实施方法，引导各界科学推进两化融合走深向实，本书在深入学习贯彻习近平总书记重要指示批示精神的前提下，系统地梳理了两化融合领域的100多个热点问题，以问答形式深入浅出地解答了有关两化融合概念及内涵的问题。本书共设七章。

第一章介绍两化融合的相关概念。本章系统阐释信息化和工业化，数字化、网络化、智能化、新一代信息技术等两化融合领域的基础概念和工作，明确各个概念及相互关系，帮助读者建立两化融合基本认识的知识体系。

第二章介绍两化融合的重要价值。本章重点分析两化融合对于我国推进新型工业化、发展数字经济、培育新质生产力等重要战略部署的主要价值和作用，帮助读者了解推进两化融合的重要意义。

第三章介绍两化融合的规律特征。本章聚焦信息化、工业化两大历史进程的发展过程，客观分析信息技术发展规律、工业革命发展特点，揭示两化融合的阶段划分及阶段特征，帮助读者全面了解两化融合的发展规律。

第四章介绍两化融合的新模式新业态。本章从发展数字化管理、平台化设计、网络化协同、智能化生产、个性化定制、服务化延伸6类新模式，以及平台经济、共享经济、零工经济、产业链金融4个新业态，介绍两化融合的新模式、新业态在解决产业关键问题中发挥的具体作用及实施路径，并给出典型参考案例，帮助读者了解推进两化融合的主要着力点。

第五章介绍两化融合的发展现状。本章结合我国两化融合发展水平监测的前期工作基础，介绍两化融合关键监测指标的设置，并从区域、行业、企业等不同维度，展现当前两化融合发展水平和现状，帮助读者了解两化融合的发展态势。

第六章介绍企业推进两化融合的实施方法。本章从企业视角出发，介绍企业推进两化融合的方法路径，包括推进两化融合的指导原则、主要步骤、关键要素、核心重点及不同类型企业的差异化策略等。围绕技术、工具、产品、服务商等维度介绍了企业实施两化融合的解决方案，帮助读者从需求侧和供给侧两个方面了解企业推进两化融合的实施方法。

第七章介绍两化融合的推进举措。本章从两化融合重点工作出发，提供了图谱化、场景化推进重点行业两化融合的方法指引，介绍了数字化转型城市试点、"双跨"平台、智能工厂、数字"三品"、制造业数字化转型促进中心等两化融合标杆样板的选树情况与要求。本章还介绍了两化融合支持政策、标准体系及公共服务平台等基本知识，旨在帮助读者全面了解两化融合相关推进工作。

本书力求做到通俗易懂、简明扼要、实用性强，旨在为政、产、学、研、用各界推进两化融合提供一本好用、实用的工具书、方法库。本书的编写得到了有关部门和专家的大力支持，在此表示衷心感谢。由于时间有限，本书仍有不足之处，敬请广大读者指正。

# 目　　录

**引　言**
　深入学习贯彻习近平总书记重要指示批示精神
　持续做好信息化和工业化深度融合这篇大文章 ……………… 1

**第一章　两化融合的相关概念** …………………………… 9
　第一节　两化融合 ……………………………………… 11
　　1. 什么是信息化？ …………………………………… 11
　　2. 什么是工业化？ …………………………………… 11
　　3. 什么是新型工业化？ ……………………………… 11
　　4. 什么是信息化和工业化融合？ …………………… 12
　　5. 什么是以信息化带动工业化？ …………………… 12
　　6. 什么是以工业化促进信息化？ …………………… 13

　第二节　数字化 网络化 智能化 ……………………… 15
　　7. 什么是数字化？ …………………………………… 15
　　8. 什么是制造业数字化转型？ ……………………… 15
　　9. 什么是网络化？ …………………………………… 15
　　10. 什么是工业互联网？ ……………………………… 16
　　11. 什么是"5G+工业互联网"？ …………………… 16
　　12. 什么是工业互联网平台？ ………………………… 17
　　13. 什么是智能化？ …………………………………… 17
　　14. 什么是智能制造？ ………………………………… 17
　　15. 如何理解智能工厂、灯塔工厂、黑灯工厂？ …… 18

## 第三节　新一代信息技术 …… 19
- 16. 什么是互联网？ …… 19
- 17. 什么是物联网？ …… 19
- 18. 什么是大数据？ …… 20
- 19. 什么是云计算？ …… 21
- 20. 什么是人工智能？ …… 21
- 21. 什么是生成式人工智能？ …… 22
- 22. 什么是区块链？ …… 23
- 23. 什么是Web3.0？ …… 23

# 第二章　两化融合的重要价值 …… 25

## 第一节　两化融合对于新型工业化的作用 …… 27
- 24. 技术：两化融合对技术创新有什么作用？ …… 27
- 25. 产品：两化融合对产品升级有什么作用？ …… 27
- 26. 企业：两化融合对企业竞争力提升有什么作用？ …… 28
- 27. 产业链：两化融合对产业链高端化跃升有什么作用？ …… 29
- 28. 产业生态：两化融合对产业国际竞争力提升有什么作用？ …… 30

## 第二节　两化融合对于数字经济发展的作用 …… 31
- 29. 两化融合对数字产业化发展有什么作用？ …… 31
- 30. 两化融合对产业数字化发展有什么作用？ …… 32
- 31. 两化融合对数字化治理有什么作用？ …… 32

## 第三节　两化融合对于新质生产力的作用 …… 35
- 32. 两化融合对生产力跃升有什么作用？ …… 35
- 33. 两化融合对生产关系变革有什么作用？ …… 36
- 34. 两化融合对科技创新和产业创新融合发展有什么作用？ …… 36

35. 两化融合如何促进高技术、高效能、高质量发展? ··· 37
36. 两化融合对绿色化发展有什么作用? ·········· 38
37. 两化融合对安全生产有什么作用? ············ 39

## 第三章 两化融合的规律特征 ·························· 41

### 第一节 信息技术的发展规律 ························ 43
38. 什么是摩尔定律? ······························ 43
39. 什么是吉尔德定律? ···························· 44
40. 什么是梅特卡夫定律? ·························· 45
41. 什么是科斯定律? ······························ 46
42. 什么是马太效应? ······························ 47

### 第二节 工业革命的典型特征 ························ 49
43. 什么是第一次工业革命? ························ 49
44. 什么是第二次工业革命? ························ 50
45. 什么是第三次工业革命? ························ 51
46. 什么是第四次工业革命? ························ 52

### 第三节 两化融合的发展阶段及特征 ·················· 55
47. 两化融合的本质特征是什么? ···················· 55
48. 如何划分两化融合的发展阶段? ·················· 56
49. 两化融合各个发展阶段的特点是什么? ············ 57

## 第四章 两化融合的新模式新业态 ······················ 61

### 第一节 两化融合的主要模式 ························ 63
50. 什么是数字化管理? ···························· 63
51. 什么是平台化设计? ···························· 65
52. 什么是网络化协同? ···························· 66
53. 什么是智能化生产? ···························· 68
54. 什么是个性化定制? ···························· 70
55. 什么是服务化延伸? ···························· 72

## 第二节　两化融合的新兴业态 ····················································· 75
　　56. 什么是平台经济？ ······················································· 75
　　57. 什么是共享经济？ ······················································· 76
　　58. 什么是零工经济？ ······················································· 77
　　59. 什么是产业链金融？ ···················································· 79

## 第五章　两化融合的发展现状 ················································· 81
### 第一节　两化融合的关键监测指标 ············································· 83
　　60. 如何度量两化融合发展水平？ ······································· 83
　　61. 什么是数字化研发设计工具普及率？ ····························· 84
　　62. 什么是关键工序数控化率？ ········································· 85
　　63. 什么是经营管理数字化普及率？ ··································· 86
　　64. 什么是供应链管理数字化普及率？ ································ 86
　　65. 什么是客户服务数字化普及率？ ··································· 87
　　66. 什么是产品数字化普及率？ ········································· 87
　　67. 什么是工业互联网平台应用普及率？ ···························· 87
### 第二节　全国两化融合发展总体现状 ·········································· 89
　　68. 全国两化融合发展的总体现状如何？ ···························· 89
　　69. 全国两化融合整体发展趋势是什么？ ···························· 92
### 第三节　不同区域两化融合发展现状 ·········································· 95
　　70. 我国两化融合发展水平的区域分布总体态势是什么？
　　　　 ································································································· 95
　　71. 我国东部地区两化融合发展现状如何？ ························ 96
　　72. 我国中部地区两化融合发展现状如何？ ························ 97
　　73. 我国西部地区两化融合发展现状如何？ ························ 97
　　74. 我国东北地区两化融合发展现状如何？ ························ 98
### 第四节　重点行业两化融合发展现状 ·········································· 99
　　75. 我国原材料行业两化融合发展现状如何？ ···················· 99

76. 我国装备行业两化融合发展现状如何? ……………… 100

77. 我国消费品行业两化融合发展现状如何? ……………… 102

78. 我国电子信息行业两化融合发展现状如何? …………… 103

第五节　不同规模企业两化融合发展现状 ………………… 105

79. 我国中小企业两化融合发展现状如何? ………………… 105

80. 我国大型企业两化融合发展现状如何? ………………… 106

## 第六章　企业推进两化融合的实施方法 ……………… 109

第一节　需求侧：推进两化融合的方法路径 ……………… 111

81. 企业推进两化融合的指导原则有哪些? ………………… 111

82. 为什么企业推进两化融合是"一把手"工程? ……… 112

83. 企业推进两化融合的关键步骤有哪些? ………………… 113

84. 企业推进两化融合要关注哪些关键要素? ……………… 115

85. 企业如何建立两化融合管理体系? ……………………… 116

86. 企业如何建设智能工厂? ………………………………… 118

87. 企业如何应用实施工业互联网平台? …………………… 119

88. 不同类型企业如何推进两化融合? ……………………… 120

第二节　供给侧：实施两化融合的解决方案 ……………… 123

89. 两化融合服务商的主要类型有哪些? …………………… 123

90. 工业互联网平台提供的典型服务有哪些? ……………… 124

91. 两化融合通用工具产品有哪些? ………………………… 124

92. 常用的工业软件有哪些? ………………………………… 125

93. 什么是工业 App? ………………………………………… 126

## 第七章　两化融合的推进举措 …………………………… 127

第一节　图谱化、场景化推进重点行业两化融合 ………… 129

94. 什么是"一图四清单"? ………………………………… 129

95. 为什么要构建重点行业、重点产业链"一图四清单"?

………………………………………………………………… 130

96. 如何构建重点行业、重点产业链"一图四清单"？ … 131
97. 如何用好产业链数字化转型场景图谱？ …………… 135

第二节　选树两化融合标杆样板 ……………………………… 139
98. 什么是中小企业数字化转型城市试点？ …………… 139
99. 什么是制造业新型技术改造城市试点？ …………… 140
100. 什么是跨行业跨领域工业互联网平台？ ………… 142
101. 什么是智能工厂？ ………………………………… 144
102. 什么是"数字'三品'"？ ………………………… 145
103. 什么是制造业数字化转型促进中心？ …………… 146

第三节　构建两化融合公共服务体系 ………………………… 149
104. 两化融合的支持政策有哪些？ …………………… 149
105. 两化融合领域的标准有哪些？ …………………… 149
106. 两化融合领域的公共服务平台有哪些？ ………… 151

附录　常见名词解释 …………………………………………… 153

# 引 言

## 深入学习贯彻习近平总书记重要指示批示精神 持续做好信息化和工业化深度融合这篇大文章

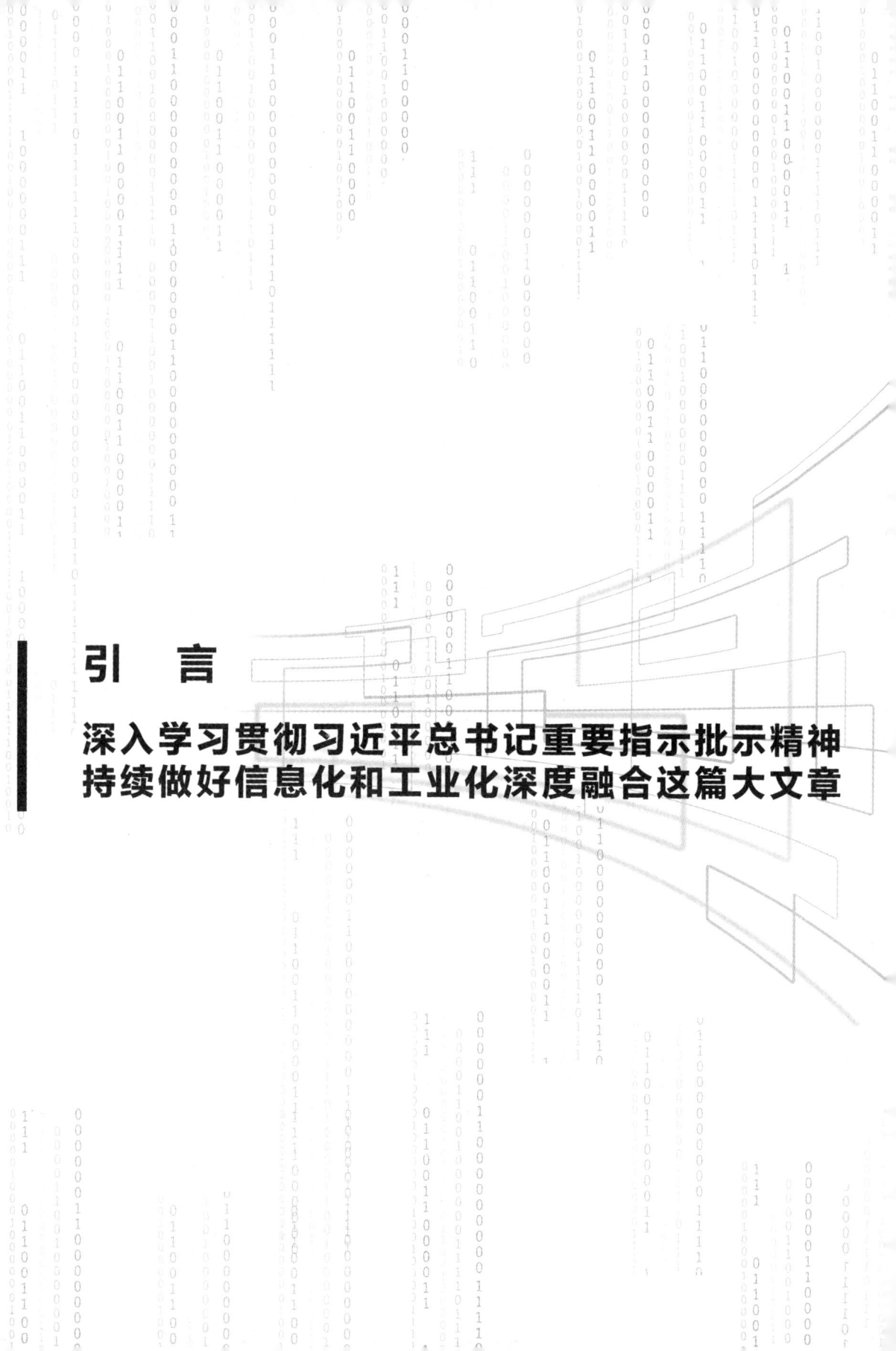

推进信息化和工业化深度融合是党中央、国务院一以贯之的重要战略部署，是工业化、信息化客观发展规律与中国发展实际相结合的科学之路、成功之路，是中国特色新型工业化道路的本质特征和实现路径。党的十六大提出"以信息化带动工业化，以工业化促进信息化"，党的十七大作出"大力推进信息化与工业化融合"重要部署。2008 年，工业和信息化部正式成立，把深入推进信息化和工业化融合作为立部之本，为落实两化融合系列部署提供了组织保障。党的十八大提出"推动信息化和工业化深度融合"，党的十九大作出"推动互联网、大数据、人工智能和实体经济深度融合"的重要部署，党的二十大强调"促进数字经济和实体经济深度融合"，始终将推进融合发展摆在重要位置进行部署，为推进两化融合提供了根本遵循。进入新时代以来，习近平总书记对两化融合高度重视，作出一系列重要指示批示，为推动信息化和工业化在更广范围、更深程度、更高水平上实现融合提供了行动指南。学深悟透习近平总书记重要指示批示精神，对于做好信息化和工业化深度融合这篇大文章，走好中国特色新型工业化道路具有重要意义。

## 一、深刻认识信息化和工业化融合的重大意义

推进信息化和工业化融合是以习近平同志为核心的党中央面对世界百年未有之大变局，着眼于推动新型工业化发展和全面推进中国式现代化所作出的重要部署。我们要深刻认识并把握推进信息化和工业化融合的重要意义，为加快新型工业化发展、赋能中国式现代化建设注入强劲动力。

（一）推进信息化和工业化融合是把握新一轮科技革命和产业变革机遇的战略选择

习近平总书记指出"每一次产业技术革命，都给人类生产生活带来巨大而深刻的影响"，强调"当今时代，数字技术、数字经济是世界科技革命和产业变革的先机，是新一轮国际竞争重点领域，我们一定

要抓住先机、抢占未来发展制高点。"从经济社会发展史看,历次工业革命都是以技术革新为核心,推动了生产力的巨大飞跃和生产关系的深刻变化。全球发展实践证明,英国、德国、美国之所以成为世界强国,是因为他们抓住了历次工业革命的机遇。一个国家要发展繁荣,必须把握并顺应世界发展大势。当前,以大数据、人工智能为代表的新一代信息技术日新月异,极大提高了人类认识世界、改造世界的能力,正在引发工业领域生产方式、组织形式和商业模式的根本性变革。着眼把握新一轮科技革命和产业变革趋势,必须抢抓数字技术变革机遇,通过信息化和工业化融合,强化数字技术赋能,推动制造业加速向高端化、智能化、绿色化、融合化发展,加快培育和发展战略性新兴产业,以数字技术融合应用引领新一轮科技革命和产业变革。

(二)推进信息化和工业化融合是新型工业化的本质特征和实现路径

习近平总书记指出,"西方发达国家是一个'串联式'的发展过程,工业化、城镇化、农业现代化、信息化顺序发展,发展到目前水平用了二百多年时间。我们要后来居上,把'失去的二百年'找回来,决定了我国发展必然是一个'并联式'的过程,工业化、信息化、城镇化、农业现代化是叠加发展的。"历史和现实都表明,在我国这样一个有14亿多人口的发展中大国推进工业化,既要遵循世界工业化的一般规律,更要立足国情,走有中国特色的工业化之路。与西方发达国家先工业化、后信息化不同,我国在工业化未完成时就迎来了信息化发展浪潮,注定要走一条中国特色的新型工业化道路。信息化和工业化融合因势而生,因时而起,构建以信息技术进步带动工业发展、以工业应用促进信息技术进步的先进机制,并在不断变化中调整适应各阶段发展要求。党的十八大以来,我国新型工业化取得了历史性成就,深刻反映出以信息化和工业化融合为本质特征的新型工业化,是符合发展规律和我国国情的正确选择。着眼推进新型工业化,必须加快新一代信息技术全方位全链条普及应用,通过信息化和工业化融合,提高产业创新能力,优化产业结构,提升产业链供应链韧性和安全水平,加快现代化产业体系建设。

（三）推进信息化和工业化融合是培育新质生产力的重要支撑

中共中央总书记、国家主席、中央军委主席习近平指出，生产力是推动社会进步最活跃、最革命的要素，强调"发展新质生产力是推动高质量发展的内在要求和重要着力点"。生产力是人类社会发展的根本动力，也是一切社会变迁和政治变革的终极原因，新质生产力代表先进生产力的演进方向。信息化和工业化融合，一方面能够推动信息技术深度赋能劳动者、劳动资料和劳动对象，促进生产要素创新性配置，加快产业深度转型；另一方面能够释放海量工业应用场景，促进信息技术、工业技术革命性突破，为新质生产力的形成和发展奠定重要基础。着眼培育和壮大新质生产力，必须把握高科技、高效能、高质量的内在要求，通过信息化和工业化融合，摆脱传统经济增长方式、生产力发展路径，促进技术革命性突破、生产要素创新性配置和产业深度转型升级，发展符合新发展理念的先进生产力质态。

（四）推进信息化和工业化融合是实现中国式现代化的内在要求

习近平总书记指出"一个国家选择什么样的现代化道路，是由其历史传统、社会制度、发展条件、外部环境等诸多因素决定的。国情不同，现代化途径也会不同"，强调"把高质量发展的要求贯穿新型工业化全过程，把建设制造强国同发展数字经济、产业信息化等有机结合，为中国式现代化构筑强大物质技术基础"。工业化是一个国家经济发展的必由之路，是现代化的基础。没有强大的工业，现代化强国的奋斗目标就难以实现。信息化是现代化的引擎，没有信息化就没有现代化，推进中国式现代化要以信息化培育新动能，以新动能推动新发展。推进信息化和工业化融合，是发挥信息化驱动引领作用，从根本上改变传统生产方式和发展模式，实现高质量发展的必然选择，也是推进中国式现代化的应有之义。为全面推进中国式现代化强国建设、民族复兴伟业，必须锚定高质量发展这一总目标。通过推动信息化和工业化在更广范围、更深程度、更高水平上实现融合发展，充分释放我国制造大国和网络大国的叠加、聚合、倍增效应，为中国式现代化构筑强大物质技术基础。

## 二、准确把握推进信息化和工业化面临的新形势

新时代以来，在以习近平同志为核心的党中央坚强领导下，我国两化融合取得了一系列成就，新型基础设施实现跨越式发展，数字技术创新取得重大突破，制造业数字化转型加快推进，多方协同创新生态持续壮大，为高质量发展注入了强劲动力。一是融合支撑进一步强化。截至2024年12月月底，我国5G网络基础设施全球领先，5G基站达到425万个，千兆用户突破2亿，全国一体化算力网络国家枢纽节点基本建成，算力总规模超260 EFLOPS（EFLOPS指每秒百亿亿次浮点运算次数），工业互联网从无到有进入规模化推广阶段，具有一定影响力的平台超过340家。二是融合动能进一步增强。6G（第六代移动通信技术）、量子通信、区块链等前沿技术研发处于全球第一阵营，产业创新活力不断提升。截至2024年11月月底，我国数字产业业务收入达到31.7万亿元，实现利润总额达到2.4万亿元。三是融合效能进一步释放。"数字领航"企业、国家级智能制造示范工厂等标杆引领作用持续强化，一批技术含量高、附加值高的新产品、新模式、新业态竞相涌现。截至2024年12月月底，规模以上工业企业数字化研发设计工具普及率、关键工序数控化率分别达到84.1%、66.2%。四是融合环境进一步优化。融合发展政策体系持续健全，两化深度融合"十三五"规划和"十四五"规划有效落实，产学研用合作持续深化，工信领域数据安全管理体系加快形成。总的来看，我国制造业高端化、智能化、绿色化快速推进，工业经济增长质量进一步提升，制造强国、网络强国建设进入高质量推进的关键期，数字中国建设稳步推进，为我国应对百年变局带来的机遇和挑战、加快构建新发展格局、推动高质量发展奠定重大战略优势。我国两化融合已站在新的更高起点上。

同时，我国发展进入战略机遇和风险挑战并存、不确定难预料因素增多的时期，推进两化融合面临的形势复杂严峻。从技术发展看，

新一轮科技革命和产业变革深入发展，技术创新进入前所未有的密集活跃期，人工智能、量子技术、生物技术等前沿技术集中涌现，融合机器人、数字化、新材料的先进制造技术加速推动制造业向智能化、服务化、绿色化转型，人工智能成为影响未来发展的关键变量。从国际局势看，全球产业链、供应链、价值链正在深度调整，单边主义、保护主义明显上升，世界主要经济体纷纷加大对智能制造、工业互联网、数字供应链等融合发展领域的政策支持，并抢夺数字技术标准、经贸规则制定的主导权，融合发展领域国际竞争日益加剧，成为大国竞争博弈的焦点。从国内形势看，我国工业发展正处于爬坡过坎、由大变强的重要关口，发展不平衡不充分问题依然突出。制造业总体上正在加速迈向全球价值链中高端，但关键技术受制于人的局面尚未得到根本改变，数字技术创新能力、创新产出、创新成果转化不足，传统产业数字化发展相对较慢，中小企业数字化转型难度较大，数据要素价值潜力尚未有效激活，数字经济发展优势还未能充分转化为实体经济的发展能力，推进两化融合任重而道远。

## 三、奋力谱写信息化和工业化融合发展新篇章

世界经济数字化转型是大势所趋，新的工业革命将深刻重塑人类社会。促进实体经济和数字经济深度融合，我们要聚焦推进新型工业化这个关键任务，以发展新质生产力为主线，以深化新一代信息技术与制造业融合为主题，以智能制造为主攻方向，以制造业数字化转型为重要抓手，以数据等先进生产要素为保障，坚定发展信心，保持战略定力，一以贯之做好信息化和工业化深度融合这篇大文章。

（一）健全促进实体经济和数字经济深度融合制度

完善发展机制，建立保持制造业合理比重的投入机制，着力促进工业经济平稳增长。提升治理水平，创新数字经济评价机制，健全平台经济常态化监管制度，构建人工智能安全治理体系，把监管和治理贯穿创新、生产、经营、投资全过程。完善要素配置制度，加强数据

交易流通、开放共享、工业数据资产登记等制度规范的研究制定，健全金融支持推进新型工业化的机制，充分激发资本、技术、数据等要素活力。

(二) 加强关键核心技术攻关

通过深入实施制造业重点产业链高质量发展行动、产业基础再造工程等工作，大力发展核心基础零部件、核心基础元器件、关键基础材料、关键软件、先进基础工艺，夯实产业技术基础。大力推进科技创新和产业创新深度融合，加快培育创新型企业，推动在企业布局建设更多的国家级创新平台，建设高水平产业科技创新平台网络，加快中试和应用验证平台建设。完善首台（套）、首批次、首版次应用政策，出台推进科技服务业高质量发展的政策措施，培育全国一体化技术市场，打造"火炬"品牌升级版，促进更多科技成果从样品变成产品，形成产业。

(三) 大力推动数字产业创新发展

壮大云计算、大数据、区块链、虚拟现实、工业软件等数字产业，探索建设中国特色的开源生态，加快网络和数据安全产业发展，培育具有国际竞争力的数字产业集群。瞄准未来科技和产业发展制高点，加快新一代信息技术、人工智能、生物制造、低空经济、人形机器人、6G、原子级制造等领域科技创新，培育新兴产业和未来产业。适度超前布局建设5G、算力等新型信息基础设施，加快工业互联网体系化发展，深化"5G+工业互联网"融合创新，强化网络基础设施安全防护能力建设。

(四) 推动制造业向高端化、智能化、绿色化发展

实施制造业重大技术改造升级和大规模设备更新工程，制定重点行业数字化转型实施方案，开展中小企业数字化赋能专项行动和中小企业数字化转型城市试点，系统化、图谱化、标准化推进转型进程，以数字技术改造提升传统产业。推动人工智能赋能新型工业化，开展"人工智能+制造"行动，培育若干通用大模型和行业大模型，建设高质量的工业数据语料库，深入实施智能制造工程，大力发展智能产品

和装备、智能工厂。加快数字化绿色化协同转型发展，加快数字化绿色化融合技术创新研发和应用，深入实施绿色制造工程，构建绿色制造和服务体系。

（五）促进先进生产要素向融合领域集聚

建设高质量两化融合标准体系，提升标准的国际化水平，以国家标准提升引领传统产业优化升级。深化产教融合、校企合作，加强"新工科"建设，支持行业企业、职业院校、公共实训基地等开展大规模职业技能培训。强化多元化"接力式"金融服务，发挥国家产融合作平台作用，扩大实施"科技产业金融一体化"专项，推动科技产业金融良性循环。加快发展数据要素市场，培育数据产业经营主体，加快布局重点行业数据空间建设，推动数据价值挖掘与创造，更好赋能新质生产力发展。

# 第一章
两化融合的相关概念

## 第一节 两化融合

### 1. 什么是信息化?

信息化[①]这一概念最早由日本学者梅棹忠夫在20世纪60年代提出。我国在《2006—2020年国家信息化发展战略》（中办发〔2006〕11号）中将信息化定义为："信息化是充分利用信息技术，开发利用信息资源，促进信息交流和知识共享，提高经济增长质量，推动经济社会发展转型的历史进程。"信息化是人类社会发展的一个长期的历史进程。信息化随着信息技术的迭代更新不断变化，代表信息技术应用的程度、过程和目的。

### 2. 什么是工业化?

工业化是指工业（特别是其中的制造业）或第二产业产值（或收入）在国民生产总值（或国民收入）中比重不断上升、在国民经济中发展并达到主导地位的过程，是工业就业人数在总就业人数中比重不断上升的过程。工业化是现代化的核心内容，是传统农业社会向现代工业社会转变的历史进程。

### 3. 什么是新型工业化?

新型工业化是具有中国特色的工业化道路，不仅是强调工业占国

---

① 点亮智库·中信联数字化转型百问联合工作组. 数字化转型百问[M]. 北京:清华大学出版社, 2021.

民生产总值比重保持稳定，更是以创新、协调、绿色、开放、共享的新发展理念为指导，以新一代信息技术应用为牵引，以新型数字基础设施为基础，以信息化和工业化融合为本质特征和实现路径的工业化。新型工业化的重点是着力提升产业链供应链韧性和安全水平，加快提升产业创新能力，持续推动产业结构优化升级，大力推动数字技术与实体经济深度融合，全面推动工业绿色发展。

## 4. 什么是信息化和工业化融合？

信息化和工业化融合是工业化、信息化两大历史进程的交汇，是信息技术与工业技术融合应用、互促共进的过程。与西方发达国家先工业化后信息化的发展道路不同，我国是在工业化尚未完成的情况下就迎来了信息化发展浪潮，因此必须探索一条信息化和工业化同步发展、相辅相成的融合之路，统筹推进制造强国和网络强国建设。两化融合顺应这一趋势，因势而生，因时而起，构建以信息技术进步带动工业发展、以工业应用促进信息技术进步的先进机制，并在不断变化中调整适应各阶段发展要求。两化融合是党中央、国务院一以贯之的战略部署，是时代赋予全国工业和信息化系统的光荣使命，是工业和信息化部的立部之本，是中国特色新型工业化道路的本质特征和实现路径。

## 5. 什么是以信息化带动工业化？

以信息化带动工业化是两化融合的重要组成，是充分发挥信息技术高渗透性、高倍增性、高带动性和高创新性特点，通过信息化重塑生产力和生产关系，开展工业资源泛在连接，优化工业资源要素配置，系统性重构和优化传统工业的研发模式、生产方式和服务模式，进而实现工业提质降本增效、促进工业结构优化升级的过程。

以信息化带动工业化发展的过程实质上是新一代信息技术在工业

全链条普及应用，加速工业领域数字化、网络化、智能化转型升级的过程，就是要通过数字化挖掘数据要素价值，通过网络化重构生产关系，通过智能化培育新质生产力。

## 6. 什么是以工业化促进信息化？

以工业化促进信息化是两化融合的重要组成部分，是依托我国丰富的工业应用场景，以工业应用促进信息技术进步，推动信息技术产业发展壮大，并逐渐培育形成数字产业生态的过程。在广泛的工业应用场景中，工业技术和信息技术相互渗透、交叉融合，促进信息技术不断突破和迭代创新，不断衍生并形成种类多样、形态多元、覆盖广泛的新兴信息技术簇群。同时，工业应用场景不断为信息技术创造应用需求，拓展信息技术应用的市场空间，有助于促进信息技术的规模化普及和产业化发展，逐步发展形成数字产业生态，并进一步孕育和激发出具有战略性、引领性、颠覆性、前瞻性的新型产业。

以信息化带动工业化、以工业化促进信息化是两化融合一体之两面，二者相辅相成、互促共进，共同推动信息化和工业化这两大历史进程的迭代演进和螺旋式上升。这有利于发挥我国制造大国和网络大国的双重优势，实现"1+1>2"的融合发展效应。

## 第二节 数字化 网络化 智能化

### 7. 什么是数字化?

数字化是通过数字技术将现实世界中的信息、流程、业务等转化为数字形式,加工形成数据产品和数据服务,挖掘并激活数据要素价值,以数据要素驱动人力、资金、技术等资源要素有序流动和按需配置,实现全要素生产率提升的过程。数字化的重点是通过"数据"促进生产要素优化配置。

### 8. 什么是制造业数字化转型?

制造业数字化转型[①]是两化融合的重要内容,是将数据作为核心生产要素,运用数字技术对制造业研发生产全流程和产业链供应链各环节进行数字化改造升级和价值重塑的过程,是制造业高质量发展的关键路径。

数据要素在制造业数字化转型的过程中发挥关键驱动作用。数据要素赋能新型工业化,就是通过数据要素的流动带动制造资源要素创新配置和组合优化,促进制造业生产方式、组织形式和商业模式变革,推动产业结构优化升级,赋能新型工业化发展。

### 9. 什么是网络化?

网络化是在数字化发展到一定程度的基础上,通过应用通信、传

---

① 工业和信息化部等三部门《制造业企业数字化转型实施指南》(工信部联信发〔2024〕241号)

感、互联网等网络技术对原本独立分散的人、机、物等社会资源进行连接，形成互联互通、系统开放的网络体系的过程。网络化将重构人与人、人与生产资料之间的协作关系，可以促进社会资源和能力的动态共享和协同利用。网络化的重点是通过"连接"加速生产关系变革。

## 10. 什么是工业互联网？

工业互联网[①]是新一代信息通信技术与工业经济深度融合的新型基础设施、应用模式和工业生态，通过对人、机、物、系统等的全面连接，构建覆盖全产业链、全价值链的全新制造和服务体系，为工业乃至产业数字化、网络化、智能化发展提供实现途径，是第四次工业革命的重要基石、数字经济和实体经济深度融合的关键底座、新型工业化的战略性基础设施。工业互联网具有更为丰富的内涵和外延，以网络为基础、平台为中枢、安全为保障、数据为要素、标识为纽带，既是工业数字化、网络化、智能化转型的基础设施，又是互联网、大数据、人工智能与实体经济深度融合的应用模式，同时还是一种新业态、新产业，将重塑企业形态、供应链和产业链。

## 11. 什么是"5G+工业互联网"？

"5G+工业互联网"[②] 是利用以 5G 为代表的新一代信息通信技术，构建与工业经济深度融合的新型基础设施、应用模式和工业生态。5G技术对人、机、物、系统等的全面连接，带动工业互联网基础能力不断提升、融合创新场景持续拓展，构建覆盖全产业链、全价值链的全新制造和服务体系，为工业乃至产业数字化、网络化、智能化发展提供了新的实现途径，助力企业实现降本、提质、增效、绿色、安全发展。"5G+工业互联网"已经成为我国 5G 规模商用和工业互联网规模

---

① 中华人民共和国工业和信息化部. 工业互联网平台术语：SJ/T 11915—2023［S］. 北京：中国电子技术标准化研究院，2023.

② 工业和信息化部《"5G+工业互联网"系列科普问答》

发展的"新名片"。

## 12. 什么是工业互联网平台?

工业互联网平台[1]是面向工业数字化、网络化、智能化需求,基于海量数据采集、汇聚、分析的服务体系,支撑制造资源泛在连接、弹性供给、高效配置的工业云平台。

## 13. 什么是智能化?

智能化是在数字化、网络化发展到一定程度的基础上,运用机器学习、计算机视觉、大语言模型等智能技术对复杂环境进行感知、认知、分析及自适应调整,实现基于模型的自感知、自学习、自决策、自执行、自适应的过程。这将引发生产力的深层次变革。智能化的重点是通过人工智能等数智技术加速生产力的跃迁。

人工智能能够与工业机理、工业流程、工业数据及工业装备产品进行结合,对工业领域的设计研发、生产制造到供应链管理和售后服务等活动进行智能化重塑。人工智能赋能新型工业化,就是通过人、机、物等多智能体的交互协同,形成具备或超越人类感知、分析、决策等能力的工业技术、产品、应用体系,以适应复杂多变的工业环境,完成多样化工业任务,进而提升生产效率、设备产品性能与企业洞察力,赋能新型工业化发展。

## 14. 什么是智能制造?

智能制造[2]是两化融合的主攻方向,是基于新一代信息通信技术与先进制造技术的深度融合,贯穿设计、生产、管理、服务等制造活动

---

[1] 中华人民共和国工业和信息化部. 工业互联网平台术语:SJ/T 11915—2023[S]. 北京:中国电子技术标准化研究院,2023.

[2] 工业和信息化部、财政部《智能制造发展规划(2016—2020年)》(工信部联规〔2016〕349号)

的各个环节，形成的具有自感知、自学习、自决策、自执行、自适应等功能的新型生产方式。

### ◆ 15. 如何理解智能工厂、灯塔工厂、黑灯工厂？

智能工厂[①]是实现智能制造的主要载体，通过部署智能制造装备、工业软件和系统等，深度应用人工智能等数智技术，推动生产设备和信息系统集成贯通和智能升级，开展业务模式和企业形态创新，实现产品全生命周期、生产制造全过程和供应链全环节的综合优化和效率、效益全面提升。

灯塔工厂是规模化应用工业4.0技术的真实生产场所，是数字化制造和全球化工业4.0的示范者，拥有工业4.0的所有必备特征。"灯塔工厂"项目于2018年由世界经济论坛与麦肯锡咨询公司联合发起，截至2025年2月月底，我国共有79家企业入选"灯塔工厂"项目。

黑灯工厂是生产操作高度自动化的工厂，从原材料到成品，所有的加工、运输、检测过程主要由机器人或自动化设备按照系统指令自行完成，无须人工操作，在黑暗无灯的情况下仍能高效运转。

总体上，智能工厂、灯塔工厂、黑灯工厂都是新一代信息技术与先进制造技术深度融合的应用实践。但是，智能工厂更强调产品全生命周期、生产制造全过程和供应链全环节的集成贯通和智能优化，并积极对外输出新技术、新工艺、新装备和新模式；灯塔工厂的评选是由社会化组织自发开展的一种商业性活动，更强调通过在生产过程中应用先进技术实现生产效率的提高及对环境的保护，倡导绿色发展理念；黑灯工厂更强调自动化设备和系统的应用，以实现生产流程的自动化和无人化。

---

① 工业和信息化部等六部门《关于开展2024年度智能工厂梯度培育行动的通知》（工信厅联通装函〔2024〕399号）

## 第三节 新一代信息技术

### 16. 什么是互联网?

互联网（Internet）[①] 是网络与网络之间串联形成的庞大网络。这些网络以一组通用的协议相连，形成逻辑上的单一且庞大的全球化网络。在全球化网络中有交换机、路由器等网络设备、各种不同的连接链路、种类繁多的服务器和数不尽的计算机终端。互联网的前身是美国国防部高级研究计划局于1969年搭建的阿帕网，起初用于军事连接与科学研究，后来随着接入终端数量的增加逐渐商业化。互联网是电话网的发展和延伸，早期的终端只能通过固定电话线路拨号上网。随着移动通信技术的发展，移动互联网应运而生，在移动状态下人们可以通过手机、掌上计算机或其他无线终端设备无线接入互联网，随时、随地、随身使用商务、娱乐等各种互联网服务。互联网作为20世纪人类最伟大的发明之一，已经渗透到经济社会各个领域，极大提升了人类认识和改造世界的能力。随着工业设备、生产线、车间、工厂的数字化水平持续提升，产业数字化需求日益扩张，对于互联网的可靠性、稳定性和安全性要求更为"刚性"，推动以5G芯片、模组、网关等互联网设备，以及工业以太网交换机、边缘网关等为代表的新技术新产品不断取得突破。

### 17. 什么是物联网?

物联网（Internet of Things, IoT）是以感知技术和网络通信技术为

---

[①] 任超奇. 新华汉语词典[M]. 武汉：崇文书局，2006.

主要手段，实现人、机、物的泛在连接，对信息进行响应并处理的新型基础设施。物联网的概念最早由麻省理工学院于1999年提出，近年来随着技术的进步，物联网逐渐走向成熟。作为新一代信息技术的重要组成部分，物联网将促进实现人、机、物的泛在连接，深刻改变传统产业形态和社会生活方式，成为下一代推动世界高速发展的重要生产力。得益于信息化和工业化的深度融合，工业从人工和劳动密集型工业流程向自动化、数据驱动的运营转型，设备性能监控、故障预测、物流优化、产品质量改善等需求将催生出众多物联网应用场景。据预测，2025年全球物联网连接数将达到250亿，其中消费物联网连接数将达到110亿，工业物联网连接数将达到140亿[①]，物联网将在工业需求的大力推动下继续快速发展。

## 18. 什么是大数据？

大数据（Big Data）泛指具有数量巨大（无统一标准，一般认为数据量在T级或P级以上，即$10^{12}$或$10^{15}$比特以上）、类型多样（既包括数值型数据，又包括文字、图形、图像、音频、视频等非数值型数据）、处理时效短、数据源可靠性保证度低等综合属性的海量数据集合。大数据具有"5V"特性，即大体量（Volume）、多样性（Variety）、时效性（Velocity）、准确性（Veracity）、高价值（Value），需要大规模并行处理数据库、数据挖掘、分布式文件系统、分布式数据库、云计算平台、互联网和可扩展的存储系统等技术以支持其存储、处理和分析。在大数据的带动下，先进制造等产业将加快发展，传统产业数字化、智能化的水平有望进一步提高，新产业新业态新模式将不断涌现，大数据与实体经济的融合，将为数字经济的持续增长和发展提供可能，拓展实体经济发展新空间。我国作为全球第一制造大国，工业大数据规模巨大，工业企业对于跨企业、跨行业数据共享合作的

---

① Global System for Mobile Communications Association (GSMA). The mobile economy 2020 [R]. 伦敦: 全球移动通信系统协会, 2020.

需求快速增加，工业大数据应用场景日益丰富，促进云、边、端计算技术协同创新，推动大数据产业高质量发展。

## 19. 什么是云计算？

云计算（Cloud Computing）[1] 是由位于网络中央的一组服务器把其计算、存储、数据等资源以服务的形式提供给请求者，以完成信息处理任务的方法和过程。云计算是一种按使用量付费的服务模式，为用户提供包括服务器、存储、应用软件等可用的、便捷的、按需的网络访问，可以满足企业"拿来就能用""想要就能有"的需求；弹性供给避免了资源的闲置，带来了低成本的优势；云供应商完备的基础架构、充足的运维资源及专业的运营保障能力，能够为企业提供更好的安全保障。随着我国现代化产业体系建设的不断加速，工业领域大规模设备更新拓展了工业设备上云的需求空间，工业企业上云由简单应用环节逐步深入到复杂多样工业设备和业务关键核心系统环节，推动云计算市场保持长期稳定增长。

## 20. 什么是人工智能？

人工智能（Artificial Intelligence，AI）[2] 是利用计算机模拟、延伸和扩展人类智力活动的理论、方法、技术及应用系统，是计算机科学的一个分支。不同于依据既定程序执行计算或控制等任务的常规计算机技术，人工智能具有自学习、自组织、自适应、自行动等特征[3]。发展人工智能的三个关键要素是数据、算法、算力，三者共同推动人工智能的发展。人工智能诞生于20世纪50年代中期，1956年被正式确

---

[1] 全国科学技术名词审定委员会. 计算机科学技术名词(第三版)[M]. 北京:科学出版社，2018.
[2] 谭铁牛. 人工智能的历史,现状和未来[J]. 求是，2019(4):39-46.
[3] 张鑫. 如何认识人工智能对未来经济社会的影响[N]. 经济日报，2020-09-03(011).

立为一门学科。经过多年发展，人工智能已经在全球范围内蓬勃兴起。作为引领新一轮科技革命和产业变革的战略性通用技术，人工智能助力重塑生产方式、优化产业结构、提升生产效率、赋能千行百业，推动经济社会各领域向着智能化方向加速跃升。随着工业化进程的不断推进，柔性生产、协同制造等新型工业形态不断涌现，释放了海量人工智能应用场景和应用需求，催生了工业机器人、工业大数据、工业大模型、工业边缘计算、工业智能决策等一系列高水平的人工智能应用，促进了人工智能的技术创新和产业发展。

## ◆ 21. 什么是生成式人工智能？

生成式人工智能（Generative Artificial Intelligence）是人工智能领域的重要分支，是一种能够通过机器学习算法生成新的数据或内容的技术。它依赖大规模数据集的训练，利用深度学习模型（生成对抗网络、变分自编码器等），从数据中寻找规律，并生成文本、图像、音频等信息[①]。与传统的人工智能技术不同，生成式人工智能不仅能够对输入的数据进行处理和分析，还能够学习事物的内在规律，创造性地生成符合要求的新内容。近年来，生成式人工智能在自然语言处理、图像生成和音乐创作等方面展现了强大的潜力，推动了创意产业、教育、医疗、科研等多个领域的创新和自动化，带来生产力的提升、创造力的释放及各行各业的变革。在数字化和自动化需求日益多元化的当下，工业生产对人工智能的效率性、灵活性和创新性提出更高的要求，为生成式人工智能的进一步发展提供了广阔的空间。

---

① 国家网信办等七部门《生成式人工智能服务管理暂行办法》（国家互联网信息办公室 中华人民共和国国家发展和改革委员会 中华人民共和国教育部 中华人民共和国科学技术部 中华人民共和国工业和信息化部 中华人民共和国公安部 国家广播电视总局令（第15号））

## 22. 什么是区块链?

区块链（Blockchain）[①] 是一种分布式账本技术，由分布式网络、加密技术、智能合约等多种技术集成，通过去中心化的方式记录交易数据，并利用密码学保证数据的安全性、透明性和不可篡改性，从而解决网络空间的信任和安全问题。其核心思想是将交易记录打包成"区块"，并按时间顺序串联成链，分布式存储在全球多个节点上，确保每一个节点都拥有相同的账本副本。这种去中心化的结构使区块链具有更高的透明性和抗篡改性，不依赖单一机构或服务器，能够降低系统性风险，并提高数据的可信度。区块链已广泛应用于金融科技、供应链管理、数字身份验证等领域，促进了跨机构、跨国界的信任建立和信息共享，降低了中介成本和欺诈风险，推动了数字货币的兴起，同时也为智能合约、去中心化等应用创新提供了技术基础，有助于实现更加高效、公正和透明的商业运作。在工业生产领域中，随着智能制造、物流追踪、设备预测性维护、防伪与质量控制等方面对数据安全性、真实性、时效性和共享性的要求日益严苛，区块链的技术与应用需求将得到充分释放，进一步推动互联网从传递信息向传递价值变革，重构信息产业体系。

## 23. 什么是 Web3.0?

Web3.0（第三代互联网）[②] 是以区块链技术为基础的下一代互联网的演变概念，旨在构建一个去中心化、安全、隐私保护且由用户掌控数据的互联网。它试图解决当前互联网存在的数据集中、隐私泄露

---

[①] 工业和信息化部、中央网络安全和信息化委员会办公室《关于加快推动区块链技术应用和产业发展的指导意见》(工信部联信发〔2021〕62号)

[②] 工业和信息化部《对全国政协十四届一次会议第02969号提案的答复》(工信提案〔2023〕14号)

和数据滥用等问题，通过区块链技术实现数据的去中心化存储和安全传输。与Web1.0和Web2.0相比，Web3.0强调用户对数据的控制和隐私保护。Web1.0是早期的静态互联网，用户仅仅是信息的消费者，互动性较低。Web2.0带来了社交化、互动性强的互联网，用户生成内容和社交平台兴起，但数据多由中心化平台掌控，容易滋生隐私和安全问题。Web3.0则通过去中心化的方式，重塑了用户与互联网的关系，赋予用户对个人数据和数据资产的控制权，规避数据垄断，并通过区块链实现透明、安全的交易与信息交换。随着新一代信息技术与制造业深度融合，工业生产过程中各环节的数据量呈指数级增长，传统的中心化数据存储和管理方式已无法满足工业化进程对效率、隐私和安全的需求，从而加速了去中心化、智能合约、数据共享等Web3.0理念的落地与应用场景的泛化，推动Web3.0逐步深入到国民经济的更深层次和更宽领域。

# 第二章
# 两化融合的重要价值

# 第一节
## 两化融合对于新型工业化的作用

### 24. 技术：两化融合对技术创新有什么作用？

两化融合推动技术创新模式从封闭走向开放协同，实现技术资源的高效利用和快速迭代，变革技术创新工具、研发范式和创新机制，为企业的技术创新发展提供了强大动力。一是变革技术创新工具。在人工智能、大数据等新一代信息技术的推动下，技术创新工具正发生变革。企业通过模型分析和仿真测试，能够大幅缩短产品创新时间，尤其在医药和新材料领域表现突出。例如，在药物研发中，人工智能与大数据技术结合，能够实现生物信息学、计算结构疫苗学等领域的科学研究和技术开发，为新型疫苗和创新药物的前期研发提供技术服务。二是变革技术研发范式。两化融合推动了技术研发范式的变革，通过数字技术的应用高效贯通产销研用，实现各种创新要素的叠加，更加精准地确定产品研发方向，使研发方式由传统的独立封闭研发体系，转变为用户需求牵引、跨行业和跨主体协同研发的新模式。三是变革技术创新机制。两化融合推动技术创新资源的数字化、模型化和软件化，将技术能力沉淀并实现高水平复用。例如，企业依托信息化平台加快技术能力积累，实现专业技术、经验、机理等知识模型的沉淀、传播和复用，有效推动集成创新和自主原创能力的提升。

### 25. 产品：两化融合对产品升级有什么作用？

两化融合作为传统生产模式的革新，更是企业转型升级的关键路径，能够有效赋能产品升级，在提升产品质量性能、推动产品功能属性拓展、升级用户服务体验等方面发挥重要作用。一是实现产品质量性能提升。企业利用数字化平台集成计算机辅助设计（CAD）、有限元分析（FEA）和产品生命周期管理（PLM）等工具，实现产品从设计到生产的全流程数字化管理；同时，企业基于智能检测系统，能够实现对产品进行高精度的质量检测，提升产品的可靠性和稳定性。二是推动产品功能属性拓展。企业通过数字化平台，能够打破传统行业领域边界，有效整合信息技术、材料科学、机械工程等多领域的知识资源，推动产品的功能属性拓展。例如，装备制造企业利用新材料和先进制造技术，开发出高性能的轻量化零部件，不仅提升了产品性能，还拓展了产品的应用领域。三是赋能用户服务体验升级。通过数字化平台，企业能够为用户提供从产品设计、生产到售后的全生命周期服务，有效增强了用户体验，提升了用户满意度和忠诚度，尤其在消费品行业表现突出。例如，纺织企业基于C2M定制化生产平台，不仅实现用户自主设计和定制，还提供在线着装顾问服务和生产状态全程跟踪，实现了用户服务体验升级。

## ◆ 26. 企业：两化融合对企业竞争力提升有什么作用？

两化融合是以价值创造为目的，以提升效率和效益为导向，用数字技术驱动业务变革的过程，能在技术创新、管理变革、业务流程优化、产品服务创新等方面赋能企业竞争力提升。一是以新技术融合应用提高企业技术创新能力。新一代信息技术与工业技术融合为企业开展技术集成创新、应用创新提供了有效路径，如通过可靠性仿真、人工智能算法调优等手段，能够有效提高技术可靠性、工艺稳定性，推动工业技术快速迭代创新。二是以"数据+工具"推动企业管理模式变革。企业基于信息系统对资源、业务、资金、信息等进行统一管理和动态实时监控，持续优化组织架构，能够实现人、财、物等资源的统一平衡调度、协同共享和优化配置，提高管理的精细化水平。三是以跨场景协同助力企业业务流程优化。企业以业务需求为导向，通过两化融合沿业务流程实现不同部门、环节的数字化连接，开展跨场景业务协同，重新规划业务流程，优化内外部合作模式，可以有效提高企业的整体运行效率。四是以数据增值加快企业产品和服务创新。企业通过开展产品全生命周期的数字化工具覆盖和应用，可以构建产品由物理世界向信息世界的全生命周期映射，实现产品/服务链的价值创造和传递活动；同时，形成对用户需求、消费行为习惯、市场趋势的规律把握与深度认知，提升市场份额和用户服务能力。

## ◆ 27. 产业链：两化融合对产业链高端化跃升有什么作用？

两化融合通过数字技术赋能传统产业，在推进产业工艺水平提升、产业结构优化升级、产业价值链中高端攀升等方面发挥重要作用。一是促进产业工艺水平跃迁。企业通过部署集散式控制系统（DCS）、先进过程控制（APC）和实时优化（RTO）等数字化工具，推动大规模、标准化、重复性制造环节的生产替代，实现工艺水平的智能化提升。二是促进产业结构优化升级。一方面，两化融合推动制造业服务化和服务业制造化，促进产业间的深度融合。例如，装备制造业通过提供系统集成总承包服务和整体解决方案，从单纯的产品制造商向服务提供商转型。另一方面，两化融合催生了智能制造、绿色制造等新型生产模式，加速了传统产业的数字化、智能化和绿色化转型，如钢铁、建材等高能耗行业通过数字化改造，实现了碳排放的显著降低。三是促进价值链向中高端攀升。一方面，传统企业利用新一代信息技术进行改造升级，将集中精力发展研发、设计、销售和管理等高附加值环节，推动产业向高附加值、高技术、高利润发展。另一方面，传统企业的改造升级为未来产业和战略性新兴产业提供原材料、零部件和生产性服务等支撑，推动建立新的比较优势，从跟随式发展向引领式发展转变。

## 28. 产业生态：两化融合对产业国际竞争力提升有什么作用？

两化融合促进了资源配置方式的转变，通过市场、政府和网络的协同作用，帮助企业更有效地应对市场变化和国际竞争，在制造能力标准化、打造资源集聚优势、保障双链稳定、构建开放生态等方面发挥重要作用。一是推动工业制造能力标准化。企业通过平台全面连接了机器、车间、企业、用户、员工，实现了"人机物法环"的互联、互通和数据集成，通过海量异构数据的自动流转、汇聚共享和集成分析，推动制造能力和工业知识的标准化、软件化、模块化与服务化，支撑工业生产方式的创新升级。二是形成全球资源集聚优势。企业基于平台打破地域限制，能够整合制造资源和能力，推动上下游企业和生态伙伴共享信息资源，加速资源要素数字化、产业数据共享化、创新服务集约化、平台治理协同化。三是保障产业链供应链稳定安全。企业基于平台打破消费与生产、供应与制造、产品与服务之间的信息壁垒，快速感知供应链上下游供需波动，提升产业链供应链风险应变能力，解决产能过剩、供需错配、供应链"卡断堵"等问题。四是构建开放合作产业生态。企业基于平台促进生产、分配、流通、消费各环节贯通，构建国内与国外相互促进、开放包容的良性循环态势，形成各优势地区、特色产业的增长极网络，促进国内大循环的高效畅通，持续增强国际产业竞争力。

## 第二节
## 两化融合对于数字经济发展的作用

### 29. 两化融合对数字产业化发展有什么作用？

数字产业是数字经济的核心产业，是为产业数字化发展提供数字技术、产品、服务、基础设施和解决方案，以及完全依赖数字技术、数据要素的各类经济活动，包括数字产品制造业、数字产品服务业、数字技术应用业和数字要素驱动业，是数字经济发展的基础[①]。两化融合是加速数字产业化发展的重要动力。一是充分发挥数字技术创新作用。两化融合强调将数字技术广泛应用于工业生产的各个环节，有效促进了人工智能、大数据、云计算、区块链等新一代信息技术产业的快速发展，并通过技术创新不断优化数字产品和服务，提高数字产业的核心竞争力。二是深入拓展数字技术赋能场景。两化融合逐步从大类行业向各自细分行业扩展，为数字技术提供了丰富的应用场景，应用边界不断拓宽。例如，5G在智能交通、智慧物流、智慧能源等重点领域的应用场景持续扩展。三是不断完善数字产业生态。两化融合的深入实施一方面促进科技创新要素和上下游企业聚集，加速培育多元化市场主体，推动数字产业及其关联产业全产业链的协同发展；另一方面也催生了共享经济、平台经济等新的商业模式和经济增长点，带动数字产业价值链的提升。

---

① 国家统计局. 数字经济及其核心产业统计分类（2021）[R]. 北京：国家统计局，2021.

### 30. 两化融合对产业数字化发展有什么作用？

产业数字化是在新一代数字科技支撑和引领下，以数据为关键要素，以价值释放为核心，以数据赋能为主线，对产业链上下游的全要素进行数字化升级、转型和再造的过程[①]。两化融合作为我国长期坚持的战略部署，在推动新旧动能接续转换等方面的作用愈加显著。一是支撑制造业全方位、全链条的数字化改造。企业基于两化融合实现传统设备改造、技术升级，并进一步通过工业互联网实现设备互联互通和智能化生产，加速了传统产业数字化步伐。二是发挥了数据这一新型生产要素对产业数字化的关键作用。两化融合通过数据的采集、存储、分析和应用，改变了传统产业的业务逻辑和制造流程，逐步实现从流程驱动到数据驱动，同时培育了工业互联网、智能制造、车联网等融合型新产业新模式新业态。三是改变了传统产业链供应链运作和商业模式。两化融合构建了资源协调和配置的平台载体，整合产业资源并促进供需匹配，加速资源向价值转化的过程，并推动产业组织关系从线性竞争向共建共赢的转变，为产业数字化提供强大动能。

### 31. 两化融合对数字化治理有什么作用？

两化融合推动了产业数据和公共数据融合，助力政府、产业、企业等优化和提升治理效能，实现精准决策、智能监管和高效服务，逐步成为推动数字化治理的重要手段。一是提升治理效能和服务水平。两化融合推动了数据价值的深层次挖掘，为治理和决策提供科学依据，有效提高重点治理环节效率和公共服务质量。例如，通过两化融合诊断评估数据，实现制造企业数字化水平的精准画像，增强政策和治理的针对性和有效性，促进公共服务由粗放供给向精准供给转变。二是

---

① 金观平. 协同推进数字产业化和产业数字化[J]. 经济日报, 2023, 09(08)：1-2.（中央网络安全和信息化委员会办公室转发）

促进治理流程再造和优化。技术的深度应用驱动业务流程优化，推动治理模式变革，促进了治理流程的透明化和标准化，使治理过程更加公开、公正、公平。三是推动完善数字化治理体系。两化融合在技术层面解决了关键数据的跨平台、跨组织、跨地域整合和共享问题，治理从单一运作逐步转变为协作交互。例如，基于工业互联网平台监测数据，实现对100多家重点平台进行监测分析，实现重点行业发展的动态监测和工业经济运行分析，为数字化治理和产业政策制定提供了有效依据。

## 第三节
## 两化融合对于新质生产力的作用

### ◆ 32. 两化融合对生产力跃升有什么作用？

新质生产力的跃升是人类改造自然能力的革命性提升，这种提升是整体性的、根本性的，意味着劳动者、劳动资料、劳动对象的内涵更新及其优化组合。两化融合对生产力的跃升作用也体现在这四个方面。一是两化融合培养了新型的劳动者。两化融合涉及制造业全流程和产业链供应链各环节的改造升级，要求配备具备数字化、网络化、智能化技能与素养的新型人才，推动劳动者向具有高科技素养、强烈创新意识和熟练实践技能的新型劳动者转变，为生产力的跃升提供了坚实的人才保障。二是两化融合孕育了新的生产工具。两化融合深化了物联网、人工智能等新一代信息技术与生产工具的融合，生产工具在新技术、新业态的作用下逐渐发生质变，呈现出数智化、高效化、绿色化特征，显著提升了生产效率与灵活性。三是两化融合拓展了劳动对象的种类。两化融合促进了工业知识的沉淀、挖掘和创新，运用信息技术优化工艺流程、迭代技术产品，使新材料、新能源等成为新的劳动对象，拓展了劳动对象的种类和形态。四是两化融合创新了生产要素的结合方式。两化融合以数据为驱动，促进了跨组织、跨行业协同。以平台化设计、服务化延伸等典型的生产要素组合方式，进一步提高生产率，创造新的经济增长点。

### 33. 两化融合对生产关系变革有什么作用？

按照马克思主义唯物史观的基本原理，新质生产力的形成和发展必然要求生产关系做出适应性调整，形成与之更相适应的生产关系。两化融合适应了新一轮科技革命和产业变革的浪潮，着力打通束缚新质生产力发展的堵点卡点，对生产关系的变革表现为三个方向：一是两化融合促进生产组织形式的变革。依托互联网平台，企业开始构建以扁平化为基础的组织模式，边界无限延展，管理机制向层级缩减的扁平化转变，增强各层次之间的沟通，并逐渐形成快速响应、精准管理、灵活制造、高效服务的柔性化组织。二是两化融合促进劳动关系的变革。平台经济、共享经济、零工经济等新模式新业态催生了更为灵活的新型用工模式，平台成为用工的组织载体和组织方式，依托大数据算法和人工智能，不断优化用工配置、提升效率，形成弹性的工作时间、多元的劳动形态。三是两化融合促进社会分工与协作的变革。数字技术应用使分布于不同空间中的工业环节能够在时间上同步并在平台上共享，技术、人才、数据等要素资源也基于平台汇聚共享，各部分进程的同步可视化协调使分工协作成为可能，因而驱动生产制造模式发生转变，从孤岛式集中式的封闭制造体系走向网络化协同的开放制造体系。

### 34. 两化融合对科技创新和产业创新融合发展有什么作用？

2025年3月5日，中共中央总书记、国家主席、中央军委主席习近平在参加十四届全国人大三次会议江苏代表团审议时强调，科技创新和产业创新，是发展新质生产力的基本路径，并对抓好科技创新和产业创新融合提出明确要求。科技创新要坚持教育、科技、人才一起抓，既多出科技成果，又把科技成果转化为实实在在的生产力。产业创新要坚持传统产业和新兴产业并重，统筹传统产业转型升级和战略性新兴产业培育壮大，积极培育新业态新模式新动能。科技创新是发展新质生产力的核心要素，能推动和引领产业创新，产业创新则能够实现科技创新的价值。二者深度融合、互促共生，对建设和完善现代化产业体系具有重要意义，是加快培育新质生产力的重要驱动力量。

两化融合通过整合传统工业技术和现代信息技术，一方面为科技创新提供了新的动力和路径，促进前沿技术不断迭代突破，催生制造业与5G、云计算、区块链、人工智能等跨领域技术融合创新，以数据驱动释放创新潜力，以培养既懂工业化、又懂信息化的复合型人才激发创新活力，以发展"智能驱动"的工业体系打造新一轮科技革命的核心引擎，推动中国科技创新体系持续深化、科技成果向现实生产力转化；另一方面为产业创新提供了新旧动能"双轮驱动"，推动产业从单点创新到系统变革，以构建创新技术底座为传统产业转型更新旧动能，以发展新一代信息技术、高端装备制造、新能源汽车等战略性新兴产业培育新动能，以数据驱动优化产业资源配置，推动产业链横向协同和纵向一体化延伸，催生"产品+服务"等新业态，促进产业结构优化升级，赋能产业高端化发展。总体上，推动两化融合，有助于将科技成果应用于具体产业和产业链上，让科技创新成为产业创新的引擎，让产业创新成为科技创新的舞台，实现创新链和产业链无缝对接、科技创新和产业创新深度融合，服务新质生产力发展。

## 35. 两化融合如何促进高技术、高效能、高质量发展？

两化融合的过程是新一代信息技术与制造技术、业务流程深度融合的过程，提升了生产要素的创新性配置和组合效能，催生新产业、推动产业深度转型升级和产业高质量的发展。一是带动以 IT（信息技术）和 OT（操作技术）相互渗透为特征的技术融合创新。新一代信息技术与制造、能源、材料等领域加速融合，带动了分布式能源、智能材料、柔性电子、增材制造等交叉领域的技术创新突破，推动智能网联汽车、航空航天、生物制造等产业实现从小到大、从弱到强的快速发展，推动生产力向更高级、更先进的质态演进。二是促进全要素生产率的大幅提升。通过生产要素的创新性配置和优化组合，突破传统生产要素供给的局限性，不断提高各类要素开发利用的能力和效率。同时，两化融合进一步盘活数据资源，加快生产制造、产品全生命周期的数据贯通，推动数据在不同场景下的创新应用，提高制造企业将数据能力转化为新动能。三是促进产业高质量发展。一方面，两化融合带动新兴产业壮大，促进人形机器人、元宇宙、量子科技等未来产业的发展，不断提升供给体系质量。另一方面，两化融合促进产业链上企业依托平台开展供需灵活对接、资源动态配置、产能精准匹配，使企业从注重要素投入转变为关注要素生产率和优化配置，提高产业发展效率和质量。

## 36. 两化融合对绿色化发展有什么作用？

两化融合促进大数据、5G 等新兴技术在制造业能源管理、绿色工艺技术、供应链等环节的深度应用，促进绿色能源使用效率的提升，以及数字化和绿色发展的协同推进，为构建产业可持续发展的未来奠定了基础。一是优化生产运营和业务流程，降低污染物排放。传统行业在利用信息技术与生产融合的过程中，通过对生产数据的采集和利用，实现对生产全过程的实时检测和智能控制，并调整优化生产运营管理方式，做出精准决策，从而降低生产过程中的资源消耗和浪费，有助于生产全过程的减排降耗。二是促进低碳、零碳等绿色技术应用，提升能源利用效率。在电力、交通、制造、建筑等重点行业，企业可通过智慧能源、物联网平台、智能节能建筑和绿色工厂等数字化应用实现对能源消耗的实时监测和管理，显著减少新增产出中的碳排放。三是通过构建绿色供应链，促进产业上下游节能减排。基于供应链信息共享平台等信息化手段，企业可以实现从原材料采购到产品回收的全生命周期管理，优化供应链资源配置和管理供应链上下游的资源流动，发挥产业链上下游的协同效应，进一步释放减排潜力，带动上下游企业的绿色转型，提高全产业链的资源循环利用率。

## 37. 两化融合对安全生产有什么作用？

两化融合加速工业安全生产从静态分析向动态感知、事后应急向事前预防、单点防控向全局联防的转变，提升工业生产整体安全水平。一是提升对工业生产风险的快速感知和预警能力。通过开发和部署工业生产中的专业智能传感器、测量仪器及边缘计算设备，提高企业的风险感知灵敏度。预测性维护、智能巡检、风险预警、故障自愈等解决方案的应用可帮助企业实现生产风险的精准预测、智能预警和超前预警。二是提升对工业生产风险的事中应急处置能力。安全生产监管平台推动人员、装备、物资等安全生产要素的网络化连接、敏捷化响应和自动化调配，能够实现跨企业、跨部门、跨层级的协同联动，加速风险消减和应急恢复，将安全生产损失降至最低。三是提升对工业生产风险的事后评估能力。基于工业互联网的评估模型和工具集，企业可对安全生产处置措施的充分性、适宜性和有效性进行全面准确的评估。对于已发生的安全生产事故，能够迅速追溯和认定事故的损失、原因和责任主体，为企业查找漏洞、解决问题提供保障，从而有效保障工业生产安全。

# 第三章
# 两化融合的规律特征

## 第一节 信息技术的发展规律

### 38. 什么是摩尔定律?

摩尔定律（Moore's law）由英特尔公司创始人之一的戈登·摩尔于1965年提出。摩尔定律描述了在集成电路中晶体管数量随时间增长的趋势。其核心内容是，集成电路上可容纳的晶体管数量大约每18至24个月翻倍，性能也将提升一倍[1]。换言之，处理器的性能大约每两年翻倍，同时价格下降为之前的一半。摩尔定律主要揭示了新一代信息技术的快速迭代。从信息技术与产业发展的实际进展来看，在相当长的一段时间内，该定律准确地预测了半导体技术的发展趋势。然而，随着后摩尔时代的到来，摩尔定律的实践效果已逐渐放缓。单纯靠工艺改进优化芯片性能已缺乏提升空间，尽管如此，摩尔定律对技术创新和产业发展带来的启发依然深刻。

摩尔定律揭示了新一代信息技术演进的普遍规律。一是摩尔定律广泛适用于新一代信息技术产业的发展。摩尔定律不仅在半导体产业中发挥作用，还扩展至新一代信息技术的其他领域。例如，在新能源电池续航时间、硬盘容量、5G带宽，甚至在数码感光器件开发等领域，都遵循类似的指数定律。二是摩尔定律为信息技术迭代升级提供了指导。摩尔定律不仅为信息技术相关的软硬件产品的综合性能提升提供了指引，还引导了技术产品形态和应用模式的更替。每十年，即经过5至6个摩尔周期，新一代信息技术领域的技术进步，都将会推动形成全新的技术产品，催生新模式、新业态。三是摩尔定律不仅是一个技术规律，还是一个经济规律。在摩尔定律的世界里面，新一代信

---

[1] NAM SUNG KIM.Leakage Current：Moore's Law Meets Static Power[J].The IEEE Computer Society,2003,12：68-75

息技术企业必须经历所谓的反摩尔定律的考验。如果在18个月后,企业销售相同数量和质量的产品,企业的营业额将下降一半。根据摩尔定律,企业应该充分利用信息技术,加快创新速度,提升产品的信息技术含量,持之以恒地推动核心技术、关键产品和服务模式的迭代创新,以确保企业在数字经济时代拥有可持续竞争力。

### ◆ 39. 什么是吉尔德定律?

吉尔德定律(Gilder's law)又称胜利者浪费定律,由"数字时代三大思想家"之一的乔治·吉尔德于1993年提出,指在未来25年,主干网的带宽每6个月增长一倍(其增长速度是摩尔定律预测的CPU增长速度的3倍),同时上网成本将大幅下降直至实现免费上网[①]。吉尔德定律还指出,最为成功的商业运作模式是价格最低的资源将会被尽可能地消耗,以此来保存最昂贵的资源。从过去几十年网络技术发展的实际情况来看,主干网带宽确实呈现快速增长的趋势,一些公共场所也推出了免费的网络服务,验证了吉尔德定律的正确性。吉尔德定律揭示了在数字经济时代下,成功的商业运作模式应当是充分利用廉价的网络带宽资源,以此保存最昂贵的资源,催生更多新兴业态,创造更高商业价值。

吉尔德定律对推动网络发展具有普适的指导意义。一方面,吉尔德定律预示了互联网将成为"新风口"。根据吉尔德定律,伴随着新一代信息技术的快速发展,网络带宽不断攀升,上网成本持续下降,互联网由人与服务器之间的连接,拓展至人、机、料、法、环之间的泛在互联,互联网将迎来爆发式扩张。互联网的扩张不仅为国民生活带来明显便利,还为工业发展带来革命性影响。另一方面,吉尔德定律揭示了数字经济时代新模式新业态孕育的内在机理。人类已经进入到巨量的数据时代,数据的传输和交互是人类发展的核心驱动力。根据吉尔德定律,最为成功的商业模式是尽可能耗尽成本最低的资源,以

---

① 杜平. 数字化时代浙江新经济发展战略与重点研究[J]. 浙江经济,2020(01):40-47.

此激发数据要素资源的价值释放。吉尔德定律揭示了数字经济时代，互联网经济、平台经济、共享经济等基于网络的新型模式和新兴业态的根源动力。根据吉尔德定律，广大制造业企业应该进一步发展廉价的网络资源，进一步实现制造资源的广泛连接，推动关键能力协同与共享，从而提升资源要素利用水平和配置效率。

## ◆ 40. 什么是梅特卡夫定律？

梅特卡夫定律（Metcalfe's law）是由计算机网络先驱伯特·梅特卡夫于1993年提出的，指网络的价值与联网用户数量的平方成正比[1]。梅特卡夫定律揭示了网络价值随着用户数量的增加而呈指数增长，即网络的规模越大，单个存量用户能获得的网络效用越大。梅特卡夫定律的本质是网络的外部性，即网络的价值不仅取决于其自身的节点数，还取决于网络中各个节点之间的相互连接和互动。这个定律在互联网、社交网络和万维网等通信技术和网络中得到了广泛的应用和验证，如腾讯、Facebook等公司的月活数据和它们各自的估值（市值）是符合梅特卡夫定律的。

梅特卡夫定律揭示了新一代信息技术推广的动力机制。与摩尔定律不同，梅特卡夫定律是在应用推广层面对信息技术发展规律的高度概括总结。一方面，梅特卡夫定律为新一代信息技术的规模化推广应用提供了指导。梅特卡夫定律强调了网络规模的重要性。在网络经济中，一个大型的网络比一个小型的网络具有更大的价值，因为大型网络能够提供更多的连接机会、更多的信息资源和更多的服务功能。因此，企业需要致力于扩大网络规模、扩大新一代信息技术应用，从而吸引更多的用户加入来提升价值，在市场竞争中占据优势地位。另一方面，梅特卡夫定律揭示了新一代信息技术发展的自我强化规律。当一个网络开始吸引用户并逐渐扩大规模时，它会进入一个自我强化的

---

[1] METCALFE B. Metcalfe's Law after 40 Years of Ethernet[J]. Computer, 2013, 46(12): 26-31.

阶段。新的用户加入会进一步提升网络的价值，吸引更多的用户加入，从而形成一个正反馈循环。这充分体现新一代信息技术创新对于产业转型升级和经济高质量发展的带动与促进作用。梅特卡夫定律引导企业从关注产品转变为关注用户，颠覆传统产业的运营模式和商业思维，助推技术推广机制和产业发展方式的根本性转变。根据梅特卡夫定律，企业应以用户为中心，构建开放共享、价值共创的用户网络，促进新一代信息技术在用户网络中规模化推广，实现网络中每一个节点、每个个人用户、每个企业用户甚至是整个社区价值的增加，驱动新一代信息技术进入爆发式发展的快车道。

## 41. 什么是科斯定理？

科斯定理（Coase theorem）是由诺贝尔经济学奖得主罗纳德·哈里·科斯于1966年提出的一个重要经济理论，指在一个产权明确界定且交易成本为零或很低的情况下，无论产权的初始配置如何，在市场机制的运转下，资源最终都会流向最有效率的使用者手中，从而实现资源配置的最优[①]。例如，十字路口通过红绿灯的设置对车辆进行管理和协调，符合交易成本为零或较小的条件，能够实现交通资源的有效配置。科斯定理的价值在于揭示了交易费用与经济运行的关系。科斯定理不仅能为经济领域综合决策提供参考，还能为新一代信息技术向实体经济融合提供指导。

科斯定理给新一代信息技术与制造业融合渗透所能产生的价值提供参考。从经济学角度出发，信息化连接能够降低制造业资源达成最优均衡的交易成本。对于制造业发展，格局分散、产能利用率低仍是当前悬而未决的痛点问题，尤其是在消费互联网加速催生定制化、个性化需求的浪潮之下，传统制造业的供需鸿沟还在进一步扩大。对于信息技术发展，信息技术在服务业充分渗透，实现生产者与消费者的

---

① 李具恒. 科斯经济学方法论探微——基于《社会成本问题》一文的分析[J]. 科学·经济·社会，2005(03)：28-30.

点对点高效连接，动态弥合供需缺口、提升配置效率。区别于传统的技术进步提高生产率，以平台经济、共享经济为代表的新一代信息技术新模式新业态，本质是降低达成最优均衡所需的交易成本，实现既有条件下的资源优化配置。根据科斯定理，制造业通过广泛推动新一代信息技术的融合应用，一方面，可有效畅通产业链供应链上下游信息沟通渠道，大幅降低交易成本；另一方面，可通过对数据的全面采集、自由流转和深度挖掘，实现制造业资源配置全局最优，有效提升全要素生产力。

## 42. 什么是马太效应？

马太效应（Matthew effect）是由美国著名社会学家罗伯特·默顿于1968年首次提出的，是由于人的心理反应和行为惯例，在一定条件下，优势或劣势一旦产生，就会不断加剧、滚动累积，从而出现两极分化的局面，反映了一种"赢者通吃"的社会现象[①]。它揭示了一种两极分化的社会现象，即在社会、经济、科学、文化等领域中，优势者会不断累积优势，而劣势者则会不断累积劣势。当前在互联网领域，优质资源、市场份额持续集中于头部企业，强者愈强、弱者愈弱的产业竞争态势日趋明显，成为马太效应在新一代信息技术领域的重要写照。

马太效应反映了新一代信息技术加剧产业发展主导权竞争的内在逻辑。新一代信息技术的技术先进性和资本密集特质，决定了领先企业将具有明显的先发优势，可迅速占领市场，导致产业竞争格局形成"两极分化"现象。伴随着新一代信息技术与制造业的深入融合，马太效应非常适用于数字经济背景下的制造业发展。一方面，传统技术创新的"跟随模式"将被打破，新一代信息技术融合应用落后的企业，将有可能错失新一轮科技革命和产业变革的发展契机，与领先企业在

---
① 罗伯特·默顿. 科学社会学[M]. 鲁旭东，林聚任译. 北京：商务印书馆，2009.

竞争力方面拉开差距，进而影响企业在市场的主导能力和占比。另一方面，原有市场格局将发生巨变，新一代信息技术融合应用的领先企业将加快新模式、新业态的创新，在市场发展初期便能迅速占领市场份额，取得明显优势，后发企业如不能积极推进创新转型、吸引用户群体，将被迫锁定在市场分工体系下游。根据马太效应，制造业企业应加大对新一代信息技术的融合应用力度，加快数字化改造，通过新技术应用、新模式创新和新业态培育，抢占市场竞争的主导权。

## 第二节 工业革命的典型特征

### 43. 什么是第一次工业革命?

第一次工业革命是从 18 世纪 60 年代开始的,发源于英国的一场技术革命。它标志着从手工业向机器制造的转变,是现代经济纪元的开端。这一时期的标志性事件是纺织业机械的推广和蒸汽机的发明,因此这一时期也被称为蒸汽时代。

在第一次工业革命之前,世界的主要生产方式是手工生产。1765 年织工哈格里夫斯发明了珍妮纺纱机,揭开了第一次工业革命的序幕;同一时期,瓦特发明了蒸汽冷凝器和离心调速器,改良了蒸汽机,使蒸汽引擎提供的功率远远超过了人和动物的自然力,为工业解决了动力问题。由蒸汽机驱动的各种机械被用于生产手工产品,大幅提高了人类的劳动生产率。在 18 世纪末至 19 世纪初出现了专门利用机器制造机械的企业,机械制造业应运而生。持续上百年的蒸汽时代,以机械动力的使用为发端,基本解决了生产的机械化问题。

第一次工业革命不仅体现在生产技术的革新上,还体现在社会经济结构的重组、工业资本主义的迅速崛起、人类生产生活组织方式的变革上。在主导技术方面,机械技术和蒸汽机带动了生产效率的革命性突破。例如,水力纺纱机利用水力驱动实现大规模生产,蒸汽机则为各类机械设备提供了强大而稳定的动力,奠定了现代工业生产的基础。在管理机制方面,经验型管理是企业管理组织的主流模式。企业凭借经验积累,管控生产流程、分配生产资料,保证生产的连续性和产品质量的稳定性。在生产方式方面,机械化生产代替了手工制作。与传统的家庭作坊和手工工场相比,工厂采用机器生产,初步实现了专业化协作。在产品供给方面,工业制品设计相对简单、功能较为单一，主要满足基本的使用功能，人类对于工业品的多样化需求尚未显现。在服务模式方面，基于经验的现场服务较为常见。由于机械设备和工业技术相对简单，服务主要集中在机械的现场安装和维修等方面。

### 44. 什么是第二次工业革命？

第二次工业革命从19世纪中后期兴起，它标志着工业从机械化向电气化的转变，也被称为电气时代。这一时期的标志性事件是电力和内燃机的发明应用，主要特点是电气化流水线生产。

随着第一次工业革命的完成和资本主义经济的发展，电磁学、热力学、化学、生物学等自然科学取得重大进展，为新一轮的技术革命奠定了理论基石。1831年，英国法拉第提出电磁感应定律，奠定了现代电磁科技的基础。1866年，德国西门子研制出发电机，解决了电能与机械能之间的能量转换问题，为工业提供了新的能源。第二次工业革命的另一项技术突破是内燃机的诞生，该内燃机以煤气和汽油为燃料。内燃机解决了交通工具的动力问题，以内燃机为动力的电车、轮船等不断涌现，极大地提高了交通运输效率，推动了生产效率的进一步提高，加速了工业化的进程。

第二次工业革命不仅见证了科学和技术的飞速发展，还对人类的生产组织方式和产业运行模式带来了深远影响。在主导技术方面，以电力和内燃机为代表的新技术不仅促进了现代科学技术的发展，同时也带动了电力工业、电器制造业、交通运输业、化工产业、汽车产业等工业新门类的发展。在管理机制方面，以泰勒制为代表的科学管理模式成为主流，企业以追求最高生产效率为导向，通过标准化分工、计时工资和激励制度提高生产效率和质量。在生产方式方面，流水线式的规模化生产模式，将复杂的生产过程分解成连续的工序，每组工人负责特定工序，实现了生产过程的连续性。在产品供给方面，通过统一的设计、制造和质量标准生产出的批量化工业制成品，显著提高了生产和分销效率，满足了市场对大量、同质化产品的需求。在服务模式方面,按照统一操作规程的标准化现场服务作业,提高了服务效率,也确保了服务质量的一致性。

## ◆ 45. 什么是第三次工业革命?

第三次工业革命自 20 世纪 40 年代开始,标志着工业从电气化向自动化、信息化转变。这一时期的标志性事件是计算机、集成电路等信息技术的突破,原子能、空间技术和生物工程等的发展也极大地影响了工业的变革。

第二次世界大战后,科学理论出现重大突破,相对论、量子力学等为工业技术革新提供了理论支撑,诸多军事技术及军用设备逐步转化成民用,其中电子计算机技术就是这一转化过程中的重要代表之一。1946 年,宾夕法尼亚大学研发出了世界上第一台电子计算机"埃尼阿克"(ENIAC)。20 世纪 60 年代中期,集成电路的出现将算力提升至每秒上千万次,使得在计算机上完成常规工业数据处理和工业过程控制成为可能。

晶体管、集成电路、计算机的发明及互联网的普及,使信息的传递和处理速度呈几何级数增长,促进了信息时代的兴起,重塑了生产方式,也加速了经济全球化进程。在主导技术方面,信息技术成为工业最显著的技术特征,提升了工业数据处理、传输和共享的效率,新能源、新材料的使用带动了生产用能方式和产品制式的变革。在管理机制方面,信息化程度的加深和业务板块的多元化,促使矩阵式、多层级的组织结构成为典型企业形态,集团式、信息化管理模式实现了生产资源的集中管理和业务一体化协同分工。在生产方式方面,以信息技术为支撑的大规模自动化生产成为新的生产方式,它通过数控设备实现了生产过程自动化,利用信息系统精准控制产线,并借助信息技术整合供应链,提高了生产活动的灵活性和适应性。在产品供给方面,融合了嵌入式软件、传感器和智能控制系统等的数字化产品成为主流,产品全生命周期的质量数字化管理,保证了产品技术参数、规格与标准精准一致,显著提升了产品的可靠性。在服务模式方面,信息技术的快速发展推动了线上服务模式的兴起,以线下为主、线上为辅的标准化服务,不仅扩大了服务范围,还提升了服务质量和效率。

## ◆ 46. 什么是第四次工业革命?

第四次工业革命始于 21 世纪初,标志着工业从信息化向智能化的探索。这一时期,物联网、大数据和人工智能等新一代信息技术的出现使机器能够模拟人类的智能行为,具备更高的自适应能力和个性化能力。

不同于前三次工业革命,第四次工业革命不是某个方面的进步,而是横跨了诸多领域的"集成式"革命,其标志性事件是人工智能技术的快速迭代与广泛应用。2016 年,谷歌推出的 AlphaGo 程序战胜人类围棋世界冠军,这一事件标志着人工智能技术的重大突破。2022 年,美国 OpenAI 公司发布的大语言模型 ChatGPT,不仅能够理解和生成自然语言,还可处理复杂的多模态信息,适应各种多变的现实场景,并在工业、教育等行业展示出了应用价值。2025 年,中国研发的大模型 DeepSeek 横空出世,凭借其革命性的低计算成本和高便捷性的优势,迅速吸引了数百万用户,成为继 AlphaGo、ChatGPT 之后又一现象级人工智能产品。

在第四次工业革命中,新一代信息技术的创新与应用成为推动产业变革的核心,为工业赋予了智能化的"基因",驱动了工业生产方式、企业形态和商业模式的智能化、柔性化和高效化。在主导技术方面,新一代信息技术带动了产业技术逻辑的颠覆性革命,数据成为新的驱动要素,推动了传统信息技术和工业技术的升级换代,催生了全新的应用场景和商业模式。在管理机制方面,平台成为典型企业形态,基于平台实现产业资源共享、协同作业,基于大数据、人工智能等技术辅助决策,实现管理流程、业务模式、决策机制的自主优化。在生产方式方面,大规模、网络化、个性化的生产方式成为趋势,从智能工厂的高效运作到网络化制造的全球协同，从云制造的资源共享到3D打印的个性化定制，正在重新定义生产的组织方式。在产品供给方面，具有自主决策、自适应、人机交互等特点的智能化产品满足了人类对生活的多样化和个性化的需求。在服务模式方面，基于智能产品强大的连接性、感知能力和数据处理能力，重视用户体验、实时响应用户需求的一站式服务模式成为新趋势。

## 第三节 两化融合的发展阶段及特征

### 47. 两化融合的本质特征是什么？

推进两化融合发展，需以数据为核心要素、以软件为主要工具、以工业互联网平台为基础支撑、以智能化为发展方向、以价值提升为终极目标。随着两化融合进程向纵深推进，融合发展呈现数据驱动、智能主导、软件定义、平台赋能、服务增值等一系列本质特征。

数据驱动：指通过整合和提炼数据资源，辅助精准决策和精准行动，以数据流带动技术流、物质流、人才流、资金流集成协同，发挥叠加、聚合和倍增效应，集中体现于用数据说话、用数据决策、用数据管理、用数据创新、用数据赋能。数据资源具有可复制、可共享、无限增长和供给等特点，其价值随着使用频率的增加而提升，数据驱动已成为两化融合的创新引擎。

智能主导：指企业主要基于智能模型进行数据深度分析和模拟，对人、财、物等资源进行按需自主管理和自适应优化配置，从而实现设备、产线、车间和工厂的智能运行，以及产品服务的泛在感知、智能响应和自主优化。智能主导可深度赋能企业形成发展新范式、构筑竞争新优势，推动制造业智能化转型。智能主导已成为两化融合的重要方向。

软件定义：指利用软件程序对产品、企业和生态赋予新的功能和价值，实现资源的柔性、动态配置，以满足日益复杂的多样化需求。软件正在深刻改变着研发设计、生产制造和运维服务等工业活动的重要环节，硬件、工艺和知识的"软件化"进一步实现了产品功能和企业价值的最大化，提升了产业生态的灵活性和扩展性。"软件定义网络""软件定义技术""软件定义制造""软件定义服务"等模式得到广泛实践，软件定义已经成为两化融合的关键支撑。

平台赋能：平台是数字经济时代协调和配置资源的基本载体，是价值创造和汇聚的核心。平台赋能是指基于平台对人、机、料、法、环等进行全面连接，对数据进行采集、传输、处理和分析，实现供需双方精准匹配，构建网络化的工业生产协作生态。依托平台可以实现数据资源、制造资源、设计资源等的汇聚整合和高效利用，构建起覆盖全产业链、全价值链的制造和服务体系，平台赋能已成为两化融合的重要载体。

服务增值：指在产品全生命周期的各个环节中融入增值服务，以服务带动制造活动向价值链高端迈进。伴随着新一代信息技术与制造业融合深度与广度的持续拓展，制造业服务化趋势愈加明显，从提供"产品"向提供"产品+服务"快速转变。制造业的价值链条日趋延展，服务范围持续拓展，服务方式日益多样，不仅为制造业带来更多的新增长点、附加值，还为用户提供更全面、更便捷、更灵敏的增值服务。制造业的价值创造从制造环节为主向服务环节为主转变，服务增值已成为两化融合的核心价值体现。

## 48. 如何划分两化融合的发展阶段？

结合新一轮科技革命和产业变革趋势，依据两化融合发展脉络和演进规律，并对标国际取得最广泛认同的"工业4.0"及当前人工智能融合应用最新趋势，将企业两化融合发展由低到高划分为五个发展阶段，分别为两化融合1.0、2.0、3.0、4.0、5.0阶段。

两化融合1.0阶段：企业有效应用机械技术，实现经验型管理模式，形成机械化的生产方式。

两化融合2.0阶段：企业有效应用电气技术，实现规范化的泰勒制科学管理模式，形成流水线标准化的生产方式。

两化融合3.0阶段：企业有效应用信息技术，实现基于信息化的精益管理，形成大规模标准化的生产方式。

两化融合4.0阶段：企业有效应用互联网、云计算、大数据、区块链等新一代信息技术，实现基于新一代信息技术应用的数字化集成管理，形成网络化、平台化的生产方式。

两化融合5.0阶段：企业有效应用人工智能、大模型、先进计算等前沿技术，实现基于智能模型的按需自主管理和自适应优化，形成定制化、社会化的生产方式。

## 49. 两化融合各个发展阶段的特点是什么？

根据近十年我国数十万家企业两化融合的实践基础，对两化融合的过程活动进行系统划分，围绕技术、管理、生产、产品和服务五个维度，对两化融合1.0至5.0阶段的5个发展阶段进行特征总结。

（1）两化融合1.0阶段

技术：企业有效应用机械技术，以热能为新的动力，以机械传动、机械加工、机械材料为典型新技术。

管理：企业形成直线型组织形式，实行经验式的管理，实现了初步分工，可以对人、财、物等资源进行基于经验的配置。

生产：机器生产代替手工劳动，实现机械化生产，手工绘图成为主流的设计方式，机械设备和机械材料成为关键生产要素。

产品：产品功能单一，且采用经验式的产品质量管理方法，产品的技术参数和规格缺乏标准化，不能对产品的一致性、可靠性和稳定性作出明确要求。

服务：企业基于经验进行现场服务并开展产品售后服务，可基本满足客户需求。

（2）两化融合2.0阶段

技术：企业在有效应用机械技术的基础上，进一步有效应用电气技术，以电能为新的动力，以电气控制、电气驱动为典型新技术。

管理：企业形成科层制组织形式，实行规范化、标准化管理，实现专业化分工协作，可以对人、财、物等资源进行规范化配置。

生产：电力设备成为主要生产工具，实现电气化生产，机械制图成为主流的设计方式，电气设备成为关键生产要素。

产品：产品具备传感、控制等功能，实现产品标准化，开展规范化的科学质量管理，保证产品技术参数、规格与标准基本符合，可以对产品的一致性、可靠性和稳定性作出明确要求。

服务：企业构建标准化售后服务体系，按照服务规范进行现场服务，开展产品运维和升级服务，可以及时满足客户需求。

（3）两化融合3.0阶段

技术：企业在有效应用机械技术、电气技术的基础上，进一步有效应用信息技术。新能源成为新的动力，以计算机、微电子、信息通信技术、传感技术、软件为典型新技术。

管理：企业形成矩阵式组织形式，实行基于信息化的精益管理，实现了流程化、一体化的协同分工，可以对人、财、物等资源进行网络化配置。

生产：计算机控制的生产线成为主要生产手段，形成产业链供应链，实现大规模标准化生产，计算机辅助设计成为主流的设计方式，信息技术和数控设备成为关键生产要素。

产品：产品具备信息感知、远程控制等功能，实现产品信息化，开展覆盖产品全生命周期的全面质量管理，保证产品技术参数、规格与标准精准符合，可以对产品的一致性、可靠性和稳定性作出量化要求。

服务：企业建立以线下为主、线上为辅的客户服务体系，开展设备状态监测、故障诊断等增值服务，实现客户需求的快速响应与精准服务，大幅提升客户满意度。

（4）两化融合4.0阶段

技术：企业在有效应用机械技术、电气技术和信息技术的基础上，进一步有效应用新一代信息技术。数据成为新的动力，以互联网、大数据、云计算、区块链为典型新技术。

管理：企业形成平台化组织形式，实行基于新一代信息技术应用的数字化和网络化管理，实现平台化在线分工协作，可以对人、财、物等资源进行动态精准配置。

生产：企业利用新一代信息技术配置生产资源，形成产业网络和供应网络，实现大规模、敏捷化生产，平台化设计成为主流的设计方式，数据和数字化设备成为关键生产要素。

产品：产品具备数据自动采集、动态响应、自动交互等功能，实现产品数字化。开展基于工业互联网平台的全生命周期质量管理，保证产品技术参数、规格与标准互动改进，产品的一致性、可靠性和稳定性可实现动态迭代优化。

服务：企业建立线上、线下协同的全产业链服务体系，开展设备健康管理、远程运维、共享制造等增值服务，实现客户需求的动态预测、敏捷响应与远程服务，有效提升产业链附加值。

（5）两化融合 5.0 阶段

技术：企业在有效应用机械技术、电气技术、信息技术和新一代信息技术的基础上，进一步有效应用前沿技术。智能模型成为新的动力，以人工智能、大模型、先进计算为典型新技术。

管理：企业形成开放的社会化组织形式，实行基于人工智能等前沿技术应用的智能化管理，实现生态共建共治共享式分工协作，可以对人、财、物等资源进行按需自适应配置。

生产：企业使用人工智能等前沿技术自主配置生态合作伙伴间生产资源，按需开展智能感知和认知分析，实现定制化、社会化生产。智能驱动的设计成为主流的设计方式，模型和智能设备成为关键生产要素。

产品：产品具备自学习、自决策、自运行、自优化、人机智能协作等功能，实现产品智能化，开展基于模型的智能质量管理，保证产品技术参数、规格与标准自主匹配并优化改进，产品的一致性、可靠性和稳定性可以实现自适应迭代升级。具身智能成为一种典型的产品形态。

服务：企业建立智能化服务体系，自主开展设备智能巡检、预测性维护、综合解决方案等增值服务，实现客户需求的智能预测、实时响应与智慧服务，产业链附加值显著提升。

ized by CamScanner

# 第四章
# 两化融合的新模式新业态

## 第一节 两化融合的主要模式

### 50. 什么是数字化管理？

数字化管理是企业运用数字技术，全面连接研发、生产、销售、财务、人力等活动，实现业务数据的全面贯通、广泛汇聚、集成优化和价值挖掘，通过打通核心数据链，优化、创新乃至重塑企业战略、组织、财资、运营等管理活动的总称[①]。实施数字化管理，重点是充分挖掘数据要素价值，构建完整的数据贯通体系，在战略决策、流程管控、财资管理、生产经营等管理全过程进行数字化改造迭代，实现企业业务活动全场景数字化、虚拟化，形成基于数据的企业运营模式和决策机制。

开展数字化管理新模式，可以有效解决传统管理模式面临的问题。一是数据资产利用少、风险高。企业数据在流通共享过程中存在诸多"堵点"，数据分析和利用不充分，限制了数据在支撑决策、驱动运营、优化创新等方面的发挥。二是传统业务流程杂、协作繁。传统业务流程复杂、协作烦琐，端到端的业务流程存在断点，跨部门、跨环节的业务协作分工存在壁垒，流程执行效率低，无法做到实时动态管理、迅速响应市场需求。三是协同管理模式组织散、效率低。传统的"科层制"组织架构和协作方式造成了企业内外部协同效率低，难以适应复杂多变的市场形势。四是粗放式设备管理模式成本高、交互难。企业生产设备管理手段不足，现场设备无法与信息系统或管理平台进行信息交互，运行状态难以及时监测，多源异构设备的协同运行调度效率低。

企业发展数字化管理模式的实现路径包括以下内容。一是构建企

---

① 国家市场监督管理总局国家标准化管理委员会. 工业互联网平台 应用实施指南 第2部分:数字化管理:GB/T 23031.2—2023[S]. 北京:中国标准出版社,2023.

业业务活动全过程的数字孪生体。依托工业互联网平台，采集和汇聚研发设计、生产制造、用户服务、经营管理等活动产生的业务数据，并开展数据云端存储、主数据管理、数据标准化、数据质量管理、数据分级分类管控和安全维护等基础工作，打造企业业务活动的数字孪生体。二是优化适应数字化转型要求的企业业务流程体系。以虚拟化技术为基础，通过全过程场景的虚拟化，实现IT与OT的真正融合。开展业务流程分层分级规划与设计，构建完善业务流程体系，实时监控业务流程执行过程。通过业务系统集成和云化改造，推动战略管理、市场营销、用户服务、供应链管理等业务上云，实现关键业务集成一体化运作。三是重构面向两化融合的企业组织结构。优化组织架构，加强跨部门、跨层级、跨企业的组织协调沟通和业务协同运作，构建面向全员的精准赋能和灵活赋权机制。依托工业互联网平台广泛连接社会化创新创业资源，构建平台化、去中心化和开放的价值网络，形成动态合伙人制、小微创新团队和众创空间等新型企业的组织模式。四是实现生产资源数字化管理。基于工业互联网平台全面采集生产资源数据、解析相关协议，构建设备、产线、车间和工厂的数据模型，开展生产资源全生命周期规范化管理。基于平台开展跨企业的产能共享和协同生产，提升生产管控和创新应用的经济效益和附加价值。

### 数字化管理典型案例

邯郸美的制冷设备有限公司通过搭建数字化管理平台，围绕端到端物流数字化、设备智能维护、制程品质集控等场景，运用工业大数据、数字孪生、人工智能、5G网络、边缘计算等技术，实现高品质、高效率、可量化的数字化管理模式创新，解决家电行业数据管理不透明、运营管理效率低、决策管理不智能等问题，实现物流数据准确性提升26.41%、品质不良率降低21.63%、设备生产效率提升9.27%。

## 第四章　两化融合的新模式新业态

### 51. 什么是平台化设计？

平台化设计是企业依托工业互联网平台，汇聚人员、算法、模型、任务等设计资源，通过实现高水平高效率的需求开发，以及轻量化设计、并行设计、敏捷设计、交互设计、基于模型的设计等活动，变革传统设计模式，积累并重复利用研发设计知识，从而提升研发质量和效率的一系列活动的总称。开展平台化设计，重点是依托工业互联网平台在云端构建产品研发的统一协同工作环境，通过共享和重复使用模块化的设计降低成本、优化供应链及共享核心平台组件，减少资源浪费和提高生产效率，发展平台化、虚拟化仿真设计工具，实现无实物样机生产，推动设计和工艺、制造、运维一体化。

发展平台化设计新模式，能够有效解决传统设计模式面临的问题。一是复杂产品设计的各环节一致性较差。复杂的大型装备产品设计往往由多个企业分工完成，因此会出现设计的连续性与协同性不足、数据的一致性较差、资源配置不合理等问题造成复杂产品各部分之间兼容性差，制成品质量公差大。二是产品研发设计成本高、周期长。传统研发设计模式下多采用实物验证的方式，实物验证对于环境、仪器、人员等条件要求严格，需要投入大量的资金、人员、设备等资源，并且操作风险难以预测和把控，导致企业的研发成本随试验次数的增加而不断提升、研发耗费周期变长。三是设计与制造存在沟壑。部分制造企业由于研发设计与生产制造之间缺乏信息共享与协同反馈，存在设计与制造脱节现象，两者的数据信息传递存在滞后性，这阻碍了设计与制造的同步进行及迭代优化。

企业发展平台化设计模式的实现路径包括以下内容。一是搭建规范化的协同设计平台。围绕产品研发设计，搭建标准化、模块化的协同设计平台，在云端构建统一协同工作环境，集成仿真建模、测试验证、设计优化等相关功能组件和数据资源。基于工业互联网平台开展产品协同设计与优化,通过产品设计协同流程管理、协同文件管理、协同工具管理等,共享产品研发进度、图纸文件、测试情况等相关数据,从而实现研发设计过程中数据的流转、集成和贯通。二是发展平台化仿真设计工具。自主研发并充分利用覆盖产品全生命周期各阶段的仿真设计工具,借助CAD、计算机辅助工程(CAE)、计算机辅助工艺设计(CAPP)等软件工具对复杂工程和产品的结构、性能、参数等进行仿真设计与优化,实现对资源的预测性合理调度,并依托工业互联网平台对协同设计仿真任务、设计流程、并行过程进行统筹管理,提升设计效率与质量水平,缩短新产品研发周期。三是推动设计制造一体化发展。通过工业互联网平台打通设计、制造、运维等多环节,共享产品全生命周期数据资源,将先期的产品设计与后期的工程设计进行集成,并行产品设计及其相关制造过程,对产品的结构、工艺、功能、性能、服务等要素进行一体化设计,构建完善的设计制造协同体系,以缩短产品开发周期、减少试错成本,提高产品质量。

### 平台化设计典型案例

中国中车股份有限公司搭建的云创平台基于共享理念和工业互联网平台,打造设计研发能力共享服务平台,开发交易匹配、项目管理、协同设计等工具,解决企业创新过程中的人才资源配置问题和在协同设计过程中的数据安全及设计效率问题。平台交付设计成果已超过15 000份,对比传统设计模式,云创平台降低15%的人力成本,同时缩短30%的设计周期。

### 52. 什么是网络化协同?

网络化协同是企业通过将互联网、大数据、人工智能等技术应用到制造的各个环节,加强跨企业、跨地域的数据互通与业务互联,推动供应链上下游企业和合作伙伴共享客户、订单、设计、生产、经营

## 第四章 两化融合的新模式新业态

等各类信息，实现协同设计、协同生产、协同服务，从而促进资源共享、业务优化和产能高效配置①。实施网络化协同，重点是通过工业互联网平台整合设计、生产、运维、服务等过程中各类分散资源，构建设计、生产、服务等业务活动的数字孪生体，实现网络化的协同设计、协同生产、协同服务、协同供应，促进资源共享、业务优化和产能高效配置。

发展网络化协同新模式，可以有效解决传统协同模式面临的问题。一是产品研发设计难度大。随着产品分工日益细化，产品复杂程度日趋提升，产品结构日益复杂，产品设计制造涉及的专业学科跨度增加，技术集成的广度和深度大幅拓展，依靠单个企业或部门难以全面覆盖复杂产品全生命周期的设计创新和研发活动。二是制造资源难以精准匹配。在传统制造体系中，由于地域间隔、业务壁垒，不同企业、部门之间缺乏实时有效的信息共享，无法实现资源精准匹配与集中调度，供应链存在诸多"堵点"和"断点"。三是基于网络的服务生态难以形成。在传统服务模式下，供应商、用户、产品服务商等服务信息及设计工具库、工业知识库等服务工具成为企业私有资产，导致产业链上各企业服务成本高、服务效率低。

企业发展网络化协同模式的实现路径包括以下内容。一是开展协同设计。基于工业互联网平台，发布设计需求、匹配设计资源、分配设计任务、共享设计资源，通过购买、租赁行业知识库、专家库、模型库等方式获取设计资源，实现企业内部、产业链上下游的设计开发者、用户等各类主体协同设计。二是开展协同生产。基于工业互联网平台，构建云化协同生产环境，共享设备、工具、物料、人力等资源，统筹开展多生产任务协作，并通过购买或租赁设备运行维护、优化排产、能耗优化、故障诊断等数字化工具和解决方案，开展制造资源、生产能力、市场需求的高效对接和协同共享。三是开展协同服务。基

---

① 国家市场监督管理总局国家标准化管理委员会.工业互联网平台 应用实施指南 第4部分:网络化协同:GB/T 23031.4—2023[S].北京:中国标准出版社，2023.

于工业互联网平台,加强专家库、运维知识库、备品备件库、用户信息库等服务资源共享,构建用户需求预测和服务优化模型,利用用户关系管理、产品远程服务等云化服务资源,进行服务能力的交易与共享,实现各企业之间、企业与社会之间的服务资源共享和服务能力协作。四是开展协同供应。基于工业互联网平台,开展供应商寻源、准入及风控管理,发布制造需求并调度物资和运力,利用实时数据共享、智能预测、自动化流程及绿色管理,促进企业与产业上下游的高效协同;通过连接金融平台,获取供应链金融支持,解决资金流动问题;建立用户反馈机制,快速响应市场变化,持续改进产品和服务。

> **网络化协同典型案例**
>
> 昆明台工精密机械有限公司聚焦工业母机生产场景,构建基于工业互联网平台的数控机床网络化协同制造新模式,采用"五个层级"(设备层、物联网平台、软件层、数据中台、业务平台)和"两大体系"(数据标准规范体系、平台安全保障体系),开展数字化生产线、智能车间建设,搭建 MDC(机器数据采集系统)、MES(制造执行系统)等管理系统,实现联盟体企业的数控机床网络协同制造,以及生产资源、制造能力和物流配送的开放共享,满足企业经营管理的实时监测、科学分析决策和精准高效执行,实现生产效率提升10%,研发周期缩短10%,库存准确率提升20%。

## 53. 什么是智能化生产?

智能化生产是企业面向工厂内部的生产制造环节,依托数字化平台的数据汇聚、知识沉淀、智能分析和敏捷开发等优势功能,通过构建工厂级数字孪生优化体系,达到提升设备运行管理、生产计划排产、生产作业执行、物流及仓储管理、质量管理、能源管理及安全与环保管理等场景智能化应用水平,从而帮助企业实现更大范围、更深程度、

## 第四章 两化融合的新模式新业态

更高水平的提质、降本、增效和减排的一种新型制造模式[①]。发展智能化生产,重点是企业基于工业互联网平台推动生产管理与制造的全面自感知、自优化、自决策、自执行,实现生产设备、产线、车间及工厂的智能运行,提高生产效率、产品质量和安全水平。

发展智能化生产新模式,可以有效解决传统生产模式面临的问题。一是生产制造智能化程度不高导致效率低下。我国在设备运行、计划排产、作业执行等关键生产环节自动化、智能化的总体水平不高,难以通过数字化工具紧密衔接企业整个生产制造过程,从而导致生产制造效率低下。二是复杂工艺流程监控不力造成产品质量不可控。制造环节缺乏先进信息系统的管理支撑,容易造成车间生产作业计划粗放、设备负荷不均、物料供应协同性差、车间作业进度监控不力等诸多影响,从而导致产品质量不稳定。三是基于经验的生产决策为制造过程带来高风险。由于大数据集成工具和分析技术的缺失,生产工序进度、设备运行状态、物料配送情况等信息反馈不及时、不到位,导致企业生产经营决策无法以数据为支撑,在生产过程中的错误率和安全隐患较高。

企业发展智能化生产模式的实现路径包括以下内容。一是开展生产制造全过程数字化改造。通过工业总线、工业以太网、工业5G等通信技术,以及工业数字孪生、工业互联网平台等前沿技术,在数字空间对设备运行管理、生产计划排产、生产作业执行、物流及仓储管理、质量管理、能源管理、安全与环保管理等活动的生产单元、产线和车间进行虚拟布置、串联和调试,实现生产和制造全流程的虚实联动,推动建成智能制造单元、智能生产线、智能车间和智能工厂。二是强化生产运行过程的可视化监测和自动化控制。加快制造系统的云化部署和优化升级,通过设备上云、用云和设备数字孪生不断提升设备监测、诊断、预测、优化和执行的智能管控水平。依托工业互联网平台

---

① 国家市场监督管理总局国家标准化管理委员会.工业互联网平台 应用实施指南 第3部分:智能化制造:GB/T 23031.3—2023[S].北京:中国标准出版社,2023.

汇聚的海量工业数据，以工业 App 等软件形式集成易调试、易调用的先进控制策略，推动生产工艺的柔性切换。引导开发基于企业现场数据集成整合的生产制造智能化应用，实现生产方式向智能化生产转变。三是深化人工智能在生产制造环节的融合应用。加强人工智能技术在生产制造环节的应用，依托工业互联网平台，构建涵盖调度排产、资源配置、物料输送、能耗分析的生产数据模型库，基于模型强化对生产全流程的深度分析，提高对生产活动的深度分析、计算优化和自主决策能力。通过生产系统的全面感知、实时分析、科学决策、精准执行，企业能够提升生产效率、产品质量和安全水平，降低生产成本和能源消耗。

### 智能化生产典型案例

青岛海尔股份有限公司面向家电智能制造场景，通过5G+MEC、视觉、音频、传感等技术，构建工厂"眼""耳""手""鼻"等多功能的智能化服务能力，搭建以企业数据中台为核心的智能化工业"云脑"，实现工厂智能化安防、智能化工艺和质量检测、工人精细化管理及智能化危险废物监控等能力建设，推动家电企业生产制造过程智能化水平的提升，实现人工管理成本降低28%，管理效率提升85%，事故隐患降低90%。

### 54. 什么是个性化定制？

个性化定制是企业以用户需求为导向，以柔性生产为依托，以数字技术为驱动力，通过新一代信息技术与制造业深度融合，为用户提供满足个性化需求的产品和服务的生产经营模式[1]。个性化定制模式是大批量定制、多品种小批量定制、单件定制中的一种形式，或是多种

---

[1] 国家市场监督管理总局国家标准化管理委员会. 工业互联网平台 应用实施指南 第5部分：个性化定制：GB/T 23031.5—2023[S]. 北京：中国标准出版社，2023.

形式的混合。发展个性化定制，重点是企业基于工业互联网平台构建产品全生命周期的数字孪生体，基于数据开展需求分析、敏捷开发、柔性生产、精准交付等服务，增强用户在产品全生命周期中的参与度，实现制造资源与用户需求全方位的精准对接。

发展个性化定制新模式，可以有效解决传统生产模式面临的问题。一是客户参与度低，供需难以精准对接。在传统生产模式下，客户仅能从外部对有限的产品类型进行选择，参与度较低，供需难以精准对接，导致在实际产品交付的过程中，客户满意度低，产品返工率高。二是无法适应日益个性化和多元化的市场需求。随着居民消费需求日益趋向个性化、多元化，传统的标准化、大批量生产方式面临前所未有的挑战，已无法适应快速变化的市场需求。三是多样化的单件产品生产成本较高。在传统的生产制造模式下，定制化生产带来的产品多样化势必导致单件产品生产成本过于高昂，企业与客户双方被迫分担高成本，最终导致客户流失、订单减少、企业亏损。

企业发展个性化定制模式的实现路径包括以下内容。一是精准获取个性化需求。企业依托工业互联网平台，对客户消费习惯、消费能力、性格特征、行为偏好等数据进行综合分析，生成全尺度客户画像，并将客户需求数据转化为服务于产品、设计、生产、交付的标准化数据。二是开展个性化研发设计。企业借助设计交互工具，建立新品开发和优化的规划方案，构建产品部件、组件、工艺、材料等数据库，将产品特征转化为标准系列，形成系列化、模块化的组合方案。依托工业互联网平台，全面连接产品终端用户，推动与用户的实时交互，结合用户的体验反馈优化设计方案。三是开展大规模定制化、柔性化生产。结合自身行业特点和生产模式，在成本可控的前提下，基于数据开展生产智能排程、在线调度，自动组建最小业务单元，实现生产资源自动配置，并优化整个生产活动，实现规模化、个性化、定制化和柔性生产。四是开展以用户为中心的个性化服务。开发产品和服务进度跟踪、用户投诉、售后技术指导、用户权益维护等工业App，实现订单全生命周期数据贯通和可视化呈现，构建用户权益维护管理体系。

利用大数据、人工智能等技术，推动用户、技术、服务提供商的精准协作和高效协同，面向用户产品与服务需求，提供智能推荐、个性化增值等服务。

---

**个性化定制典型案例**

广州汽车集团股份有限公司聚焦大规模定制化智能制造，通过构建用户数据平台、智能排产系统（APS）、智造数采系统（DCS）、全生命周期工艺管理平台、全生命周期产品数据管理平台，并采用边缘计算、人工智能、大数据分析等技术，解决了大规模定制化制造过程中生产流程复杂、运营成本高、需求多变等问题，增加自由选择配置500倍，降低生产成本2 100万元，降低人力成本1 250万元，实现个性化定制增收超2亿元。

---

## 55. 什么是服务化延伸？

服务化延伸是企业以提升用户黏性、拓展盈利空间、加快沿价值链向高附加值环节跃升为目标，基于数字化平台开展产品服务化、工程服务化、知识服务化等创新服务模式的总称[①]。发展服务化延伸，重点是企业聚焦价值链高端环节，依托工业互联网平台，通过数据加快技术创新和模式转型，打造用户服务活动的数字孪生体，建立健全制造、产品、知识和服务体系，提升服务的专业化和精细化水平。

发展服务化延伸新模式，可以有效解决传统服务模式面临的问题。一是产品运维困难。产品在运行过程中会出现健康状况不佳或突发故障等问题，然而由于维护服务与生产制造的脱节，导致产品故障周期难以准确判断，设备运行缺乏稳定性。二是产业链附加值低。制造业存在"重产品、轻服务"的现象，企业的无形资产和智力资本向有形

---

① 国家市场监督管理总局国家标准化管理委员会. 工业互联网平台 应用实施指南 第6部分：服务化延伸：GB/T 23031.6—2023[S]. 北京：中国标准出版社，2023.

资产的转化受到阻碍，导致产品利润率低，削弱了企业的竞争力。三是综合性服务解决方案缺失。企业缺少与消费者直接接触的服务链条，缺少围绕产品服务反馈的技术升级路径，降低了企业对市场形势变化的适应性，导致切实可行的综合性服务解决方案缺失。四是企业共性知识沉淀与利用不足。企业的专业知识体系不健全，相关的专家经验、机理模型、管控规则等共性知识存储分散，企业缺乏工业App开发能力，且工业App开发者活力不足。

企业发展服务化延伸模式的实现路径包括以下内容。一是聚焦生产实施向综合服务转变。基于用户感知、边缘计算、数据建模等技术，开展产品数字样机服务、产品后市场服务、工程一体化服务、工程延续性服务、供应链管理服务、建模与开发服务、订阅与交易服务等服务活动。探索基于产品、工程、知识的增值服务和基于需求的服务，拓展业务范围，增加企业盈利。二是聚焦全产业链开展增值服务。依托工业互联网平台，开发集中采购、供应商管理、柔性供应链、智能仓储、智慧物流等云化应用服务。围绕制造能力的集成整合、在线分享和优化配置，开发部署制造能力在线发布、实时对接和精准计费等工业App，面向全行业提供制造资源泛在连接、弹性供给、高效配置服务。建立用户经营、信用等大数据分析模型，开展企业信用评级，为金融机构的风险控制、贷款审批等提供决策支持。三是聚焦行业共性需求提供综合解决方案。针对离散行业，以促进生产过程的精准化、柔性化、敏捷化为目标，基于工业互联网平台提供制造单元、生产线和车间的全面感知、设备互联、数据集成、智能管控等综合解决方案。针对流程行业，以促进生产过程的集约高效、动态优化、安全可靠和绿色低碳为目标，提供生产全过程工艺控制、状态监测、故障诊断、质量控制、节能减排等综合解决方案。

### 服务化延伸典型案例

招商局邮轮制造有限公司通过构建船舶智能运营平台，运用大数据、人工智能和算法对船舶和海工设备实时状态进行数字辅助决策分析，实现船用配套设备集成智能化，并提供船舶及海工装备全生命周期的远程保障服务，改变了船厂的运营模式，使其能够基于智能船舶提供全方位、全生命周期的综合服务，为企业营业收入带来500万元/年的增长，带动船舶制造产业年新增产值1亿元以上。

## 第二节 两化融合的新兴业态

### 56. 什么是平台经济?

平台经济是由互联网平台协调组织资源配置的一种经济形态。平台经济可以使多个主体通过互联网平台实现资源优化配置，促进跨界融通发展，共同创造价值。平台经济是数字经济时代新的生产力组织方式，对促进创新创业、推动产业升级、培育发展新动能具有重要作用。在平台经济中，企业通过开展业务流程优化、多资源协同、产业链整合等基于互联网平台的创新，有效提升企业生产管理效率，加快实现降本增效。

平台经济作为生产力新的组织方式，有利于打通业务流、数据流和资金流，提高社会资源配置效率，重点解决以下问题。一是资源配置错位、生产效率低下。在传统制造体系中，资源信息的获取难度大且缺乏共享性，容易发生供不应求或供大于求等资源错位现象，最终导致企业生产效率低下，从而制约企业的转型升级发展。二是供应链条冗长、供需对接不畅。传统供应链存在多级供应商和大量中间环节，"信息孤岛""数据壁垒"等情况比较普遍，产业链供需匹配困难，且因信息壁垒造成的制造业垄断现象突出。三是内生动力不足、创新活力不够。一方面，传统制造业商业模式单一、用户黏性较低、后市场服务体系不健全，难以适应当前用户在个性化、敏捷性等方面的需求。另一方面，传统企业信息来源狭窄，与技术服务商对接困难，技术成果交易与产业化推广较慢，难以及时开展新一代信息技术的创新应用。

推进平台经济健康发展的实施路径包括以下内容。一是夯实平台基础，加快推动基础设施数字化改造。持续优化提升基础网络性能，全方位推动制造企业硬件设施的数字化、网络化、智能化改造升级。

打通数据壁垒,以数据的自由流动高效串联企业内各部门,优化传统业务流程和资源配置方式。二是深化平台应用,提升产业链整体协作水平。企业基于平台精准采集用户个性化、差异化定制需求,推动生产端信息与营销端信息精准对接,快速敏捷响应定制需求,进一步完善上下游供应链,加强企业内纵向联系和区域间横向关联,提高产业链整体协作水平。三是强化平台监管,建立有序的平台经济发展新生态。加快建立全方位、多层次、立体化监管体系,实现事前事中事后全链条全领域监管,堵塞监管漏洞,提高监管效能。加大监管执法力度,建立统筹协调机制,强化相关执法部门的协同配合,加强重点领域执法司法,切实维护用户合法权益。激励平台企业完善平台规则,提升平台经济行业自律水平。

## 57. 什么是共享经济?

共享经济是利用互联网平台将分散资源进行优化配置,通过推动资产权属、组织形态、就业模式和消费方式的创新,提高资源利用效率、便利群众生活的新业态新模式。共享经济强调所有权与使用权的相对分离,倡导共享利用、集约发展、灵活创新的先进理念;共享经济强调供给侧与需求侧的弹性匹配,促进消费使用与生产服务的深度融合,实现动态及时、精准高效的供需对接。在共享经济中,企业能够敏锐感知市场的个性化需求,通过供需快速匹配实现资源最优配置,加快资产权属、组织形态、就业模式和消费方式革新。

发展共享经济,可以提高数字经济时代制造业闲置资产使用效率,重点解决以下问题。一是资产闲置现象严重。传统制造业生产周期不稳定,生产资源闲置现象严重,极大增加企业经营负担,同时严重制约企业的新增投资,阻碍企业推进技术发展和产品结构优化。二是创新体系有待进一步完善。产业技术创新效率偏低、低端产品产能过剩、高端产品供给不足等问题仍然突出,产业关键共性技术供给体系存在结构性缺陷,跨企业、跨行业技术联合攻关和协同创新存在壁垒,人才、资金、设备等创新资源配置重复、分散、封闭，导致创新资源配置效率低、使用成本高，严重制约产业创新发展和转型升级。三是产业界对于多元化的市场需求响应滞后。产品同质化程度居高不下，传统制造业难以适应细分市场变化，无法快速满足市场个性化、多样化的需求。

加快培育制造业共享经济新业态的实施路径包括以下内容。一是贯通共享经济的数据链条，推进企业上平台用平台。以工业互联网平台为抓手，引导广大中小企业加快实现生产过程和运营环节的数字化改造，推进上平台、用平台，全面提升企业数字化、网络化和智能化水平，实现跨企业的数据集成共享和信息实时交互。二是汇聚共享经济的资源要素，推动企业内部资源开放。以互联网平台为核心载体，企业整合开放各类资源，实现资源优化配置，并减少生产冗余，提高生产效率。根据区域发展状况、行业发展状况、企业发展水平逐步推进专业化共享制造平台及跨区域、综合性共享制造平台的建设，实现人才、设备、资金、数据等产业资源的有效汇聚与广泛共享。三是培育共享经济的生态环境，构建共创共赢的共享机制。建立创新资源共享机制，鼓励设计研发、专业人才等重点领域资源的开放共享；建立共享标准体系，实现资源的可度量、可交易、可评估；建立企业信用评价体系，实现供需双方分级分类信用评价；建立资源安全保障体系，保障平台、应用程序、网络、数据和设备等安全。四是健全共享经济的政策制度，促进新型消费良性发展。加快出台共享经济领域相关配套规章制度，制定分行业分领域管理办法，完善与其他相关政策法规的衔接；深化新业态新模式的包容审慎监管，建立健全政策评估制度、常态化政企沟通联系机制；加大对侵犯知识产权、泄露隐私等行为的打击力度，畅通用户维权渠道，营造良好的共享运行环境。

### ◆ 58. 什么是零工经济？

零工经济是利用互联网平台和移动技术，充分发挥个体主观能动性的灵活就业行为的总称，是一种在数字化转型背景下的新型劳动力供需匹配模式。当前，零工经济新业态在制造业领域蓬勃发展，制造业企业基于互联网平台推动任务分解化、资源模块化和管理远程化，打破传统合同约束关系，充分利用专业技能人才的碎片化时间，推行按需用工模式，助力实现人力成本降低、个体价值实现的"双赢"局面。

伴随数字化转型深入推进，制造业人才的结构性失衡日益凸显。发展零工经济，可以有效解决以下问题。一方面，制造业高级技能人才供给不足，高昂的用人成本制约工业企业创新发展。随着工业企业的不断发展，制造业对高级技能人才的需求逐渐加大，不充足的人才供给无法保障制造业数字化转型的落地实施。部分制造业中小企业无法承担高昂的专业人才用人成本，影响企业的创新活力和生产效益，从而影响整个社会的产业链和价值链重塑。另一方面，有效劳动力价值无法充分发挥，制造业劳动力资源闲置问题日益凸显。传统的雇佣模式灵活性极低，供需信息不畅，无法充分利用专业技能人才，导致人才资源浪费等问题。同时，传统的雇佣模式无法满足相关人才的利益诉求、限制其职业发展，加深企业内部思想固化程度，制约专业技能人才的创新能力发挥。

构建开放共享的零工经济生态体系的实施路径包括以下内容。一是采用灵活用工形式，提升人才利用率。引导制造业企业对生产经营活动进行梳理、拆分、分包，增强用工灵活性，提高供需匹配效率。建立平台量化考核机制，筛选并培育一批能够提供知识创造、研发设计等高价值有偿服务的高质量劳动者。二是提升组织创新活力，基于工业互联网平台为员工赋能赋权。引导制造业企业基于工业互联网平台搭建开源创新社区，通过提供基础数据、开发工具、创新环境等为人才精准赋能。选择有潜力的团体及时开放渠道、资金、技术、管理等资源，发挥社会化智力资源支撑作用，大力发展众创、众包等创新模式，持续激发人才创造活力。三是加强生态体系建设，营造新业态发展良好氛围。汇聚政产学研用各方资源，制造业企业围绕产融合作、知识共享等领域推动生态伙伴达成共识、加强协同攻关。加快应用大数据、人工智能等技术实现创新服务对接，着力培育开发社区、人才交易平台、灵活用工管理系统等零工经济新载体。四是构建用工保障体系，促进灵活用工市场良性发展。完善灵活就业社会保障政策，通过开展职业伤害保障试点、鼓励保险机构打造专属保险产品等方式，加强对灵活就业群体的劳动保障权益，推动行业规范发展。

## 59. 什么是产业链金融？

产业链金融是金融服务方面向产业链上下游企业提供个性化金融产品的服务模式总称。在产业链金融中，金融服务方利用工业互联网平台打通产业链关键环节信息流，为提供低成本信贷、保险等服务提供数据支撑，有效提升产业链的整体竞争力和风险抵御能力，实现整个产业链的价值增值。

持续、适宜的资金投入是推进制造业数字化转型的重要保障。发展产业链金融新业态，可以有效解决以下问题。一是征信难度较大。由于缺乏有效的评估依据，金融机构无法通过企业的实际生产情况和其在产业链中的重要性准确衡量企业的实际融资需求和还贷能力，导致金融机构"不敢投钱"和企业"融不到钱"。资金流运转效率的降低，进一步制约了企业实际生产的效益发挥，削弱了制造业整体的发展动力。二是服务周期较长。当前，金融机构大多依赖传统的评估机制，从征信到放贷需要经历较长的时间周期，并通过获取企业基本财务信息进行企业风险评估。这耗费了高昂的人力和时间成本，且难以准确评估企业的真实信用水平和预期的效益表现。三是服务对象集中。当前，金融服务机构对中小微企业的收益与成本不匹配，导致服务对象集中在大型企业，服务规模难以大规模扩张，金融机构无法获取产业链上下游企业的综合信息，从而不断挤压制造业中小企业的生存空间，制约整体制造业转型升级的发展。

规范发展供应链金融新业态的实施路径包括以下内容。一是打通各关键环节的信息流,夯实产业链金融发展的基础。依托平台整合资金流、物流等相关信息资源,打通企业内部信息壁垒。依托工业互联网平台,汇聚产业链上下游企业海量数据,建立金融信用综合评估模型,推动先进制造业集群上云上平台,有效降低金融机构对制造业企业的金融风险甄别成本。二是促进生产实践与金融机构协同创新,建立开放产业链金融生态服务模式。推动跨区域、跨行业金融服务信息共享,促进低成本高效对接,提高金融资源的使用率。着力开发供应链金融产品,推行应收账款保理、信用贷款和订单贷款等覆盖全产业链的线上金融服务。建立客户经营、信用等大数据分析模型,加快不同产业链制造业企业生产实践和金融机构服务的融合创新,打造覆盖产业链上下游的金融服务模式,构筑稳定可靠的产业链金融生态系统。三是完善产业链金融支持体系,加强业务合规性和风险管理。对金融产品设计、尽职调查、审批流程和贷后管理实施差异化监管,优化供应链融资监管与审查规则。进一步完善风险控制算法,识别优质贷款目标,加强贷后监管。建立信用约束机制,加快实施商业汇票信息披露制度,强化市场化约束机制。

# 第五章
# 两化融合的发展现状

## 第一节　两化融合的关键监测指标

### ◆ 60. 如何度量两化融合发展水平？

度量全国两化融合发展水平，可以按照"总体—细分"的逻辑结构，聚焦我国区域、行业两化融合发展的核心特征，围绕研发设计、生产制造、经营管理、供应链管理、客户服务、产品等企业关键业务环节数字化程度及两化融合基础底座建设应用水平，形成 1 个反映整体态势的总体指标和 7 个反映细分领域水平的细分指标，以系统表征和度量我国两化融合发展整体现状。如图 5-1 所示。

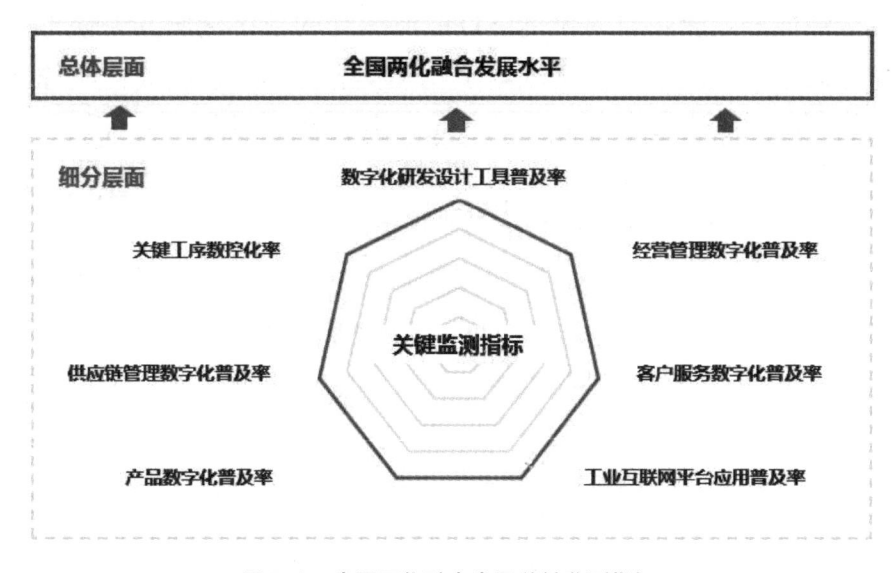

图 5-1　我国两化融合发展关键监测指标

总体层面以基础建设、单项应用、综合集成、协同与创新、竞争力、经济和社会效益为一级指标，通过测算统计出全国两化融合发展水平。全国两化融合发展水平表征企业信息化和工业化融合的程度与水平，既可支持企业在宏观层面总体把握两化融合发展情况，也可支持其在行业、区域视角进行有针对性的指导和比较借鉴。

细分层面围绕衡量企业六大业务环节的数字技术融合应用水平，以及工业互联网平台这一两化融合基础底座的创新发展与规模应用水平，分别研制形成数字化研发设计工具普及率、关键工序数控化率、经营管理数字化普及率、供应链管理数字化普及率、客户服务数字化普及率、产品数字化普及率和工业互联网平台应用普及率7个关键指标，并依托两化融合公共服务平台采集的企业评估数据，对我国企业两化融合发展水平进行细化监测和度量。

## 61. 什么是数字化研发设计工具普及率？

数字化研发设计工具普及率是应用数字化研发设计工具的工业企业占全部样本工业企业的比例。目前所统计的数字化研发设计工具是辅助企业开展产品设计，实现数字化建模、仿真、验证等功能的软件工具。离散型制造行业应用了二维或三维CAD，流程型制造行业应用了产品配方信息化建模工具。

截至2024年12月月底，全国工业企业数字化研发设计工具普及率达到82.7%[①]，近五年增长11.2%，年均增长2.8%，如图5-2所示。原材料、装备、消费品、电子信息行业数字化研发设计工具普及率分别为72.0%、92.7%、78.5%、88.4%。

---

① 数据来源：两化融合公共服务平台（https://cspiii.com/）超过35万家企业评估数据，根据国家标准《工业企业信息化和工业化融合评估规范》（GB/T 23020—2023）测算，如无特殊说明，本章其他数据来源亦同。

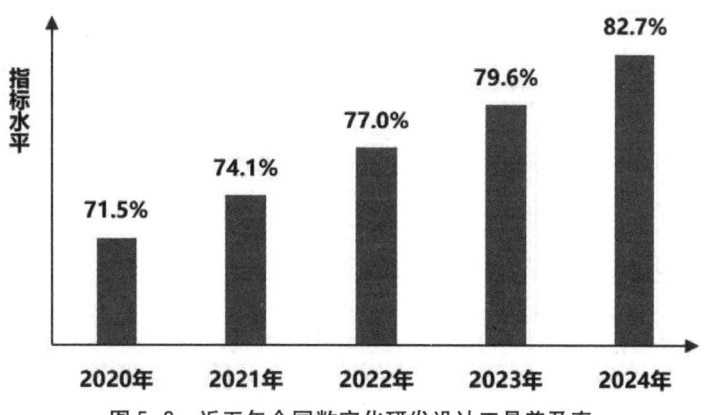

图 5-2　近五年全国数字化研发设计工具普及率

## ◆ 62. 什么是关键工序数控化率?

关键工序数控化率是样本工业企业关键工序数控化率的均值。流程型制造行业关键工序数控化率是关键工序中过程控制系统（PLC、DCS、PCS 等）的覆盖率；离散型制造行业关键工序数控化率是关键工序中数控系统（如 NC、DNC、CNC、FMC 等）的覆盖率。

截至 2024 年 12 月月底，全国工业企业关键工序数控化率达到 65.3%，近五年增长 14.2%，年均增长 3.6%，如图 5-3 所示。原材料、装备、消费品、电子信息行业关键工序数控化率分别为 76.3%、59.0%、61.9%、68.8%。

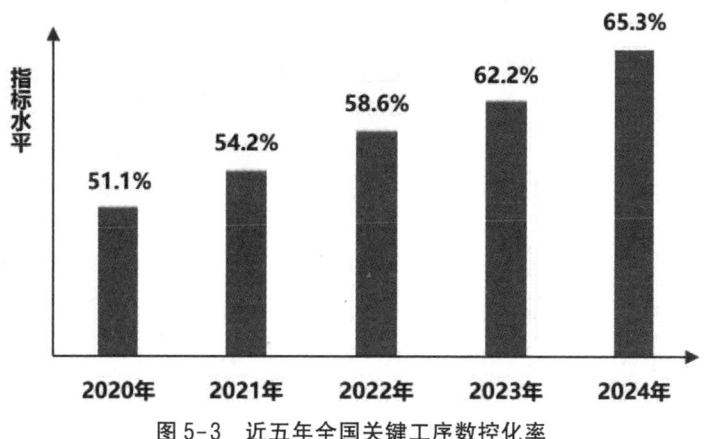

图 5-3　近五年全国关键工序数控化率

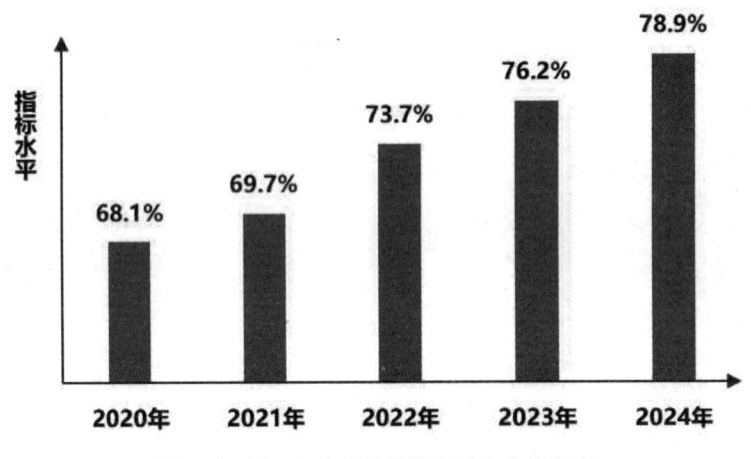

### 63. 什么是经营管理数字化普及率？

经营管理数字化普及率是实现数字技术与经营管理各个重点业务环节全面融合应用的工业企业占全部样本工业企业的比例。目前所统计的经营管理环节包括企业采购、销售、财务、人力、办公等。

截至2024年12月月底，全国工业企业经营管理数字化普及率达到78.9%，近五年增长10.8%，年均增长2.7%，如图5-4所示。原材料、装备、消费品、电子信息行业经营管理数字化普及率分别为76.5%、79.0%、80.1%、80.8%。

图5-4 近五年全国经营管理数字化普及率

### 64. 什么是供应链管理数字化普及率？

供应链管理数字化普及率是应用数字技术实现企业内部供应链环节业务集成运作，并能够与财务管理进行无缝衔接的工业企业占全部样本工业企业的比例。目前所统计的企业内部供应链环节包括物料采购、原料和产成品库、生产制造、产品销售等环节。与财务管理进行无缝衔接指相关业务数据从各业务系统中自动获取，不经过人工录入。

截至2024年12月月底，全国工业企业供应链管理数字化普及率达到37.0%，原材料、装备、消费品、电子信息行业供应链管理数字化普及率分别为33.1%、38.7%、36.2%、42.8%。

### 65. 什么是客户服务数字化普及率？

客户服务数字化普及率是指将数字技术融合应用于客户售前、售中或售后服务环节的工业企业占全部样本工业企业的比例。客户售前服务是指企业能应用数字技术对客户基本信息进行信息管理、分析、评估，并实施定制化的营销策略；客户售中服务是指企业能应用数字技术与客户进行在线实时/双向通信；客户售后服务是指企业能应用数字技术面向客户开展质量异议管理、问题统计分析、索赔管理、召回管理等的售后服务。

截至2024年12月月底，全国工业企业客户服务数字化普及率达到65.1%，原材料、装备、消费品、电子信息行业客户服务数字化普及率分别为61.0%、67.5%、64.5%、69.9%。

### 66. 什么是产品数字化普及率？

产品数字化普及率是指实现产品数字化的工业企业占全部样本工业企业的比例。其中，产品数字化是指实现数字技术在产品端的融合应用，如在产品特性、产品质量管理等方面的应用。

截至2024年12月月底，全国工业企业产品数字化普及率达到68.9%，原材料、装备、消费品、电子信息行业产品数字化普及率分别为61.1%、74.9%、66.3%、80.1%。

### 67. 什么是工业互联网平台应用普及率？

工业互联网平台应用普及率是指有效应用工业互联网平台开展生

产方式优化与组织形态变革，并实现核心竞争能力提升的工业企业占全部样本工业企业的比例。

截至 2024 年 12 月月底，全国工业企业工业互联网平台应用普及率达到 40.51%，近五年增长 25.84%，年均增长 6.46%，如图 5-5 所示。

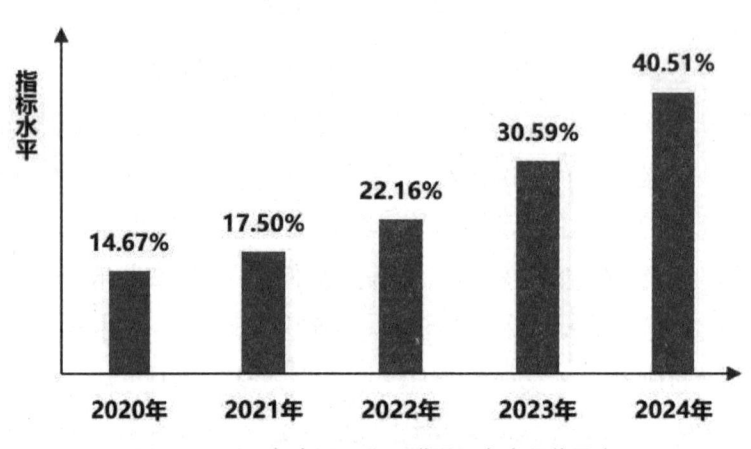

图 5-5　近五年全国工业互联网平台应用普及率

## 第二节 全国两化融合发展总体现状

### 68. 全国两化融合发展的总体现状如何?

近年来,全国两化融合发展水平显著提升。截至 2024 年 12 月月底,全国两化融合发展水平为 63.8,近五年累计增长 13.9%,如图 5-6 所示。对标国际通用的工业 1.0~4.0 体系,我国两化融合度达到 3.2,在整体上实现了中等水平向中高端的跨越式发展。

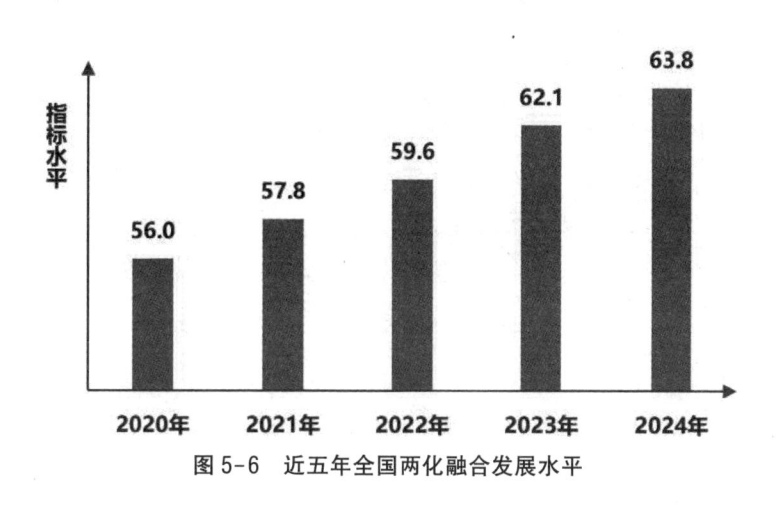

图 5-6 近五年全国两化融合发展水平

在企业层面,新型竞争能力体系持续构建。企业持续深化信息技术在研发、生产、经营、管理等环节的应用,为打造新型竞争能力体系奠定了良好的数字化基础。截至 2024 年 12 月月底,我国企业数字化研发设计工具普及率、关键工序数控化率分别达到 82.7% 和 65.3%,表征经营管理、客户服务、产品端数字化水平的数字化普及率指标结果均超过 60.0%,如图 5-7 所示。

在产业层面,供给侧结构性改革进一步深化。一方面,两化融合提升了产业供给能力。信息技术全面赋能设计、生产、销售、服务等各环节，数字化、网络化、智能化发展持续深化，有效提高企业生产效率和全要素生产率。截至 2024 年 12 月月底，我国工业企业智能制造就绪率为 17.0%，近五年增长 8.4%。另一方面，两化融合优化了产业结构。信息技术推动了个性化定制、服务化延伸等新模式、新业态的快速发展，创造了更加多样化、更具性价比、更高质量的产品和服务供给。截至 2024 年 12 月月底，在离散制造行业中，全国开展个性化定制、服务型制造的企业比例分别为 15.5% 和 37.0%，近五年分别增长 6.4% 和 10.2%，如图 5-8 所示。

| 研发设计 | 生产制造 | 经营管理 | 供应链管理 | 客户服务 | 产品 |
|---|---|---|---|---|---|
| 数字化研发设计工具普及率 | 关键工序数控化率 | 经营管理数字化普及率 | 供应链管理数字化普及率 | 客户服务数字化普及率 | 产品数字化普及率 |
| 82.7% | 65.3% | 78.9% | 37.0% | 65.1% | 68.9% |

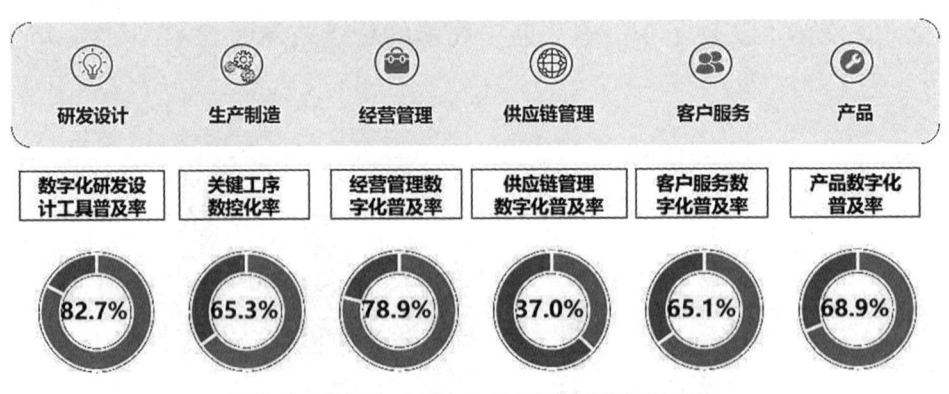

图 5-7　2024 年全国六大业务环节数字化普及率

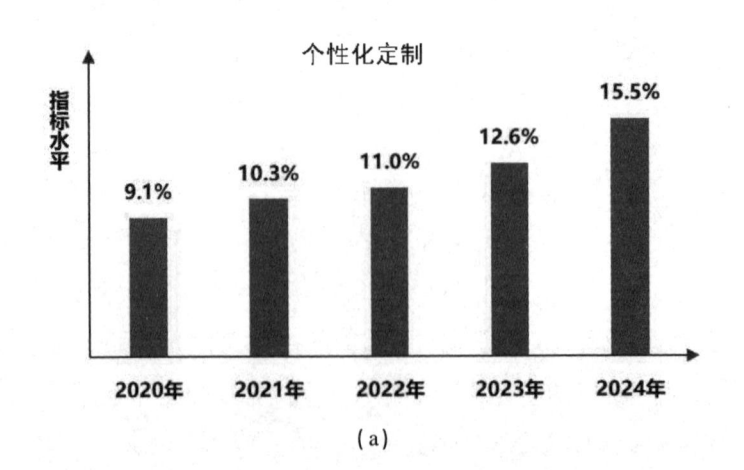

个性化定制

- 2020年：9.1%
- 2021年：10.3%
- 2022年：11.0%
- 2023年：12.6%
- 2024年：15.5%

(a)

## 第五章 两化融合的发展现状

服务型制造

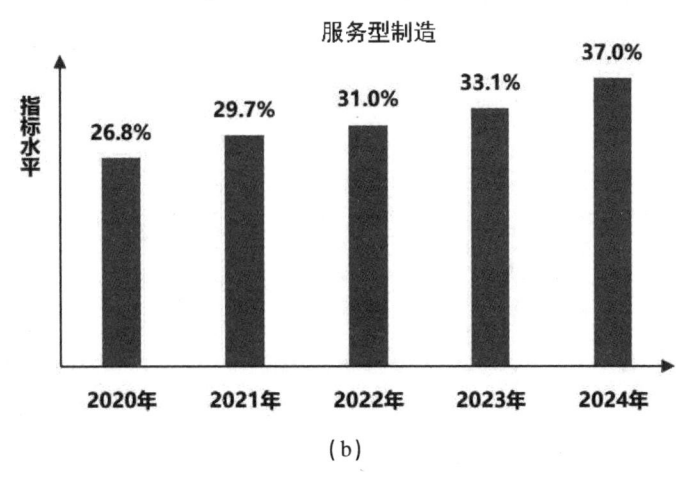

| 年份 | 指标水平 |
|---|---|
| 2020年 | 26.8% |
| 2021年 | 29.7% |
| 2022年 | 31.0% |
| 2023年 | 33.1% |
| 2024年 | 37.0% |

(b)

图 5-8 近五年全国开展个性化定制、服务型制造的企业比例

在生态层面，平台化的企业融通发展新格局逐步完善。以工业云平台应用为例，大型企业通过构建工业云平台推动研发工具、仿真系统、管理软件应用，大幅提升资源共享和业务协同水平；中小企业依托平台提供的营销、研发、生产等关键环节的数字化工具和资源，大幅降低数字技术应用门槛。截至 2024 年 12 月月底，全国工业云平台应用率达到 60.0%，如图 5-9 所示。大型企业云化步伐不断加快，面向中小企业的工业云平台服务快速发展，大中小企业融通发展生态持续优化完善。

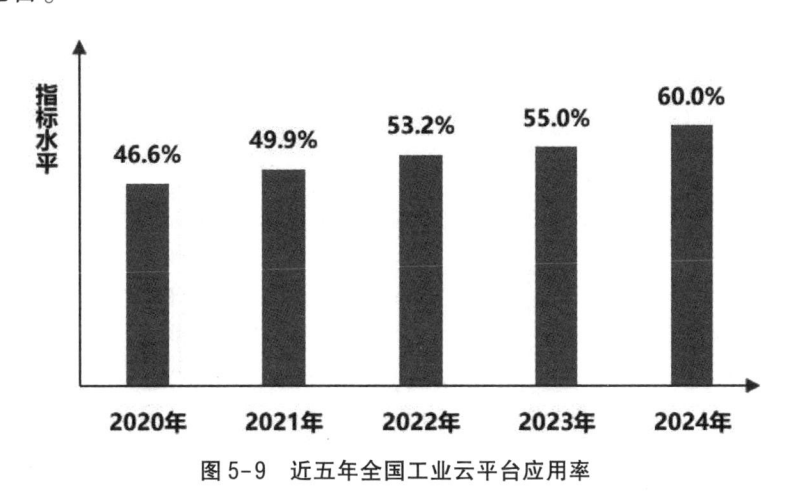

| 年份 | 指标水平 |
|---|---|
| 2020年 | 46.6% |
| 2021年 | 49.9% |
| 2022年 | 53.2% |
| 2023年 | 55.0% |
| 2024年 | 60.0% |

图 5-9 近五年全国工业云平台应用率

### 69. 全国两化融合整体发展趋势是什么？

一是企业两化融合发展重心正在由"深化局部应用"向"突破全面集成""探索智能应用"转变。具体来看，数字化基础有效夯实，截至2024年12月月底，实现数字技术与研发设计、生产、采购、销售、财务、人力、办公7个关键业务环节全面融合应用的企业比例达到59.9%，接近60.0%。网络化集成积极推进，截至2024年12月月底，我国实现"综合集成"的企业比例达到30.7%，企业积极推进跨层级、跨环节的纵向管控集成与横向产供销集成。智能化改造加快实施，截至2024年12月月底，我国实现生产经营智能分析、智能化产品生产的企业比例分别为9.3%和9.9%，大模型、先进传感等智能技术引领制造业迈向全方位、深层次的智能化。

二是重点行业数字技术应用广度持续拓展，行业聚焦差异化场景逐步深化技术融合。以钢铁、有色、石化等规模大、带动性强、关联性高的制造业十大重点行业为例，截至2024年12月月底，十大重点行业中均有超半数企业数字化转型达到起步级别及以上（即在研发设计、生产制造环节应用了数字技术，并在部分经营环节实现数字技术融合应用），其中汽车、电力装备、机械行业数字化转型达到起步级别及以上的企业比例分别为82.8%、82.3%、81.3%，均超过80.0%，如图5-10所示。不同行业聚焦差异化场景深入推进数字化改造实施。例如，钢铁、石化、有色等原材料行业企业重点推进生产过程数字化管控能力提升，轻工等消费品行业企业重点推进数字化经营与产业链管理能力提升。

**十大重点工业行业数字化转型达到起步级别及以上的企业比例**

| 汽车 | 电力装备 | 机械 | 轻工 | 电子信息 |
|---|---|---|---|---|
| 82.8% | 82.3% | 81.3% | 77.9% | 77.3% |

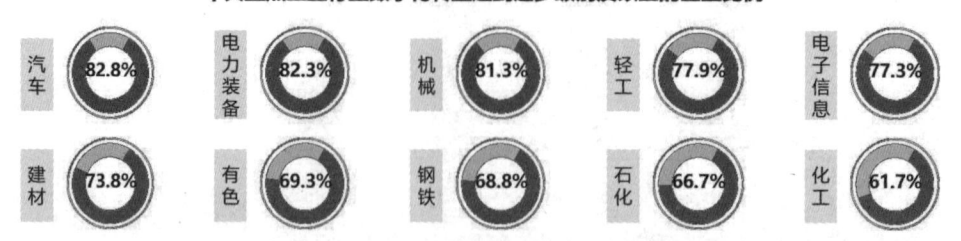

| 建材 | 有色 | 钢铁 | 石化 | 化工 |
|---|---|---|---|---|
| 73.8% | 69.3% | 68.8% | 66.7% | 61.7% |

图5-10 2024年全国十大重点行业数字化转型达到起步级别及以上的企业比例

## 第五章  两化融合的发展现状

三是产业链协同联动与价值共创能力不断提升。数字技术可加速产业链供应链各主体间资源要素流通共享，当前，以产业链条和产业集群为重要抓手推进企业协同发展、产业融合创新，已成为部分省市系统推进两化融合的有效做法。截至2024年12月月底，我国实现产业链协同的企业比例为16.7%，近五年增长4.6%，企业价值创造逐步由内部向外部转移，产业链价值共创能力持续提升，开展网络化协同的企业比例达到45.2%，近五年增长8.7%，跨部门、跨企业、跨区域的协同研发与生产效率持续提升，如图5-11所示。

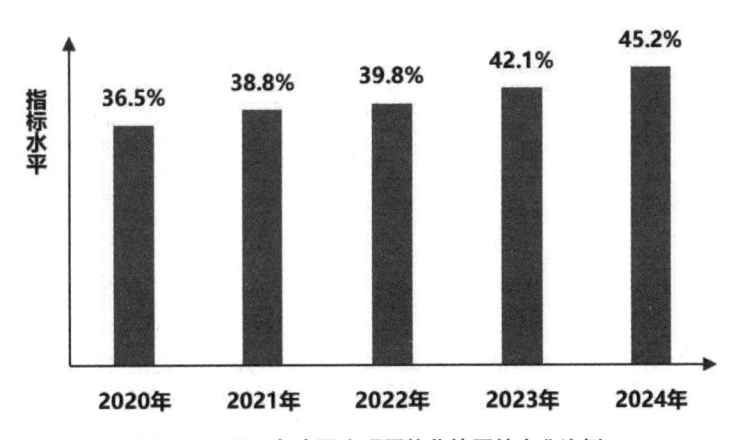

图5-11  近五年全国实现网络化协同的企业比例

## 第三节　不同区域两化融合发展现状

### 70. 我国两化融合发展水平的区域分布总体态势是什么？

整体来看，我国各省市两化融合发展水平呈现"东部领先、中西部追赶"的态势。各省市战略导向、经济基础、产业结构、资源禀赋等存在差异，在科技和产业基础、信息基础设施、数据资源、人才队伍等方面的建设上各有侧重，这也导致各省市的两化融合发展模式和水平存在一定差异。近年来，东部沿海地区及部分一线城市的两化融合发展水平较高，持续引领全国两化融合发展，如图 5-12 所示。

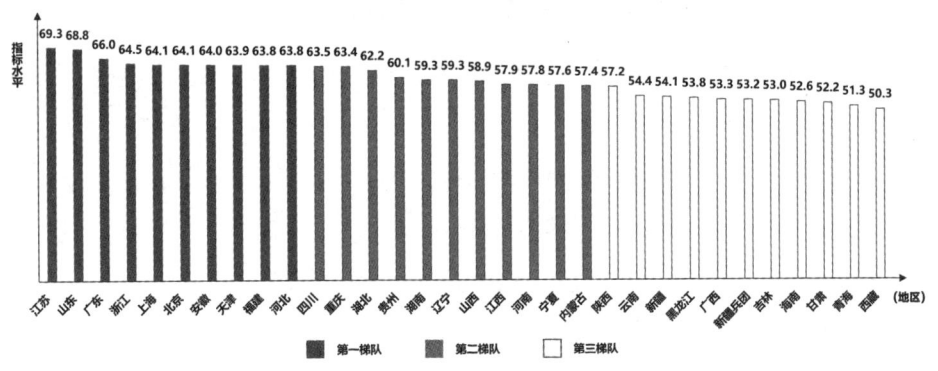

图 5-12　2024 年全国各地两化融合发展水平

东中西部两化融合发展水平的不均衡性持续缩小。近年来，西部省份两化融合发展增速较快，区域间原本受经济水平、产业结构等因素影响而产生的差距呈现缩小态势。截至 2024 年 12 月月底，在全国近五年两化融合发展水平增长超过 10% 的省份中，七成以上为中西部省份。中西部地区融合发展加速崛起，企业参与推进两化融合的主动性、积极性不断提高，平衡、协调、融通的转型发展格局正在形成，如图 5-13 所示。

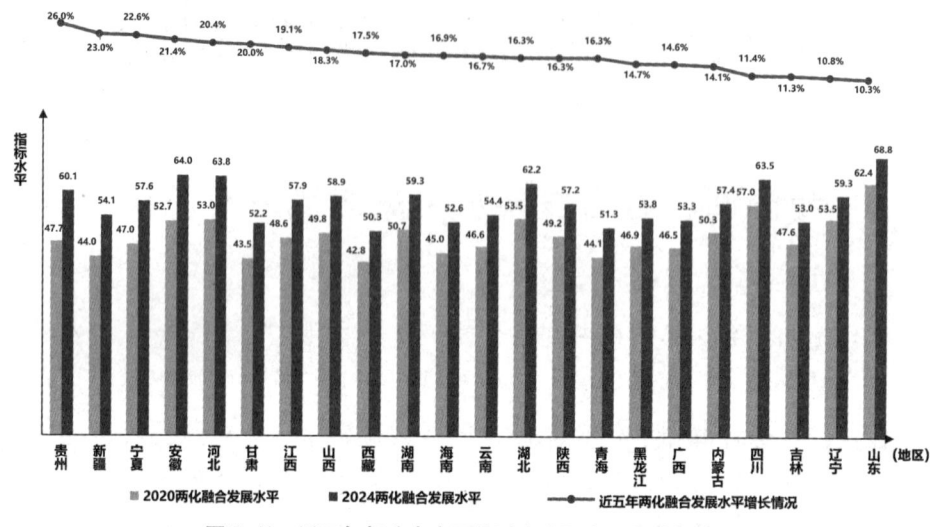

图 5-13 近五年部分省市两化融合发展水平及增长情况

## 71. 我国东部地区两化融合发展现状如何？

我国东部地区两化融合发展水平较高，主要集中在 60.0~70.0，基本位于全国第一梯队。截至 2024 年 12 月月底，在我国两化融合发展水平超过 60 的 14 个省份中，东部地区占比达到 64.3%。江苏省、山东省、广东省两化融合发展水平分别为 69.3、68.8、66.0，居于全国前三位。东部地区率先开展两化融合工作机制探索与模式创新，形成一系列可复制、可推广的典型经验做法，持续引领我国两化深度融合。例如，江苏省率先推进"智改数转网联"工作，免费为企业开展线下诊断工作，"一企一策"引导服务商与转型企业精准对接，并以"行业智改数转网联指南"建设为牵引，深入推进数字技术在"1650"现代产业体系（16 个先进制造业集群和 50 条重点产业链）建设中的赋能作用。河北省积极引导全省工业企业开展两化融合自评估，推动制造百强企业、"专精特新"中小企业等"建档立卡"，形成覆盖"省—市—县""主导产业—107 个县域产业集群"的融合发展全景图，以数据赋能企业及产业集群加快转型发展。

## 第五章 两化融合的发展现状

### ◆ 72. 我国中部地区两化融合发展现状如何？

我国中部地区两化融合发展水平主要集中在55.0~65.0，基本位于全国第二梯队，发展水平保持高速增长。其中，安徽省、湖北省两化融合发展水平分别达到64.0和62.2，位居全国第七、第十三位，以及中部省份第一、第二位。从两化融合发展水平增长来看，安徽省近五年增长达21.4%，江西、湖北、山西、湖南等省份近五年增长超过15%，共同助推中部地区融合发展水平加速崛起。从工作实践看，安徽省突出"区域联动"，强化政策资金保障和辐射带动，引导省级及以上工业园区实施集群式改造，积极培育"一区一业一样板"。

### ◆ 73. 我国西部地区两化融合发展现状如何？

我国西部地区两化融合发展水平集中在50.0~60.0，基本位于全国第三梯队，但追赶步伐不断加快。截至2024年12月月底，在全国近五年两化融合发展水平增长超过10%的22个省份中，西部地区占半数。其中，四川、重庆、贵州、宁夏、内蒙古等地区两化融合发展水平分别达到63.5、63.4、60.1、57.6、57.4，位居西部地区前列，并迈入全国第二梯队，成为西部地区融合发展的重要支点。具体来看，西部地区加快推进企业两化融合理念宣贯，不断推动数字技术在研发设计、生产制造等企业关键业务环节的广泛应用。截至2024年12月月底，贵州省、广西壮族自治区、甘肃省近五年数字化研发设计工具普及率增长均超过30%，贵州省、甘肃省近五年关键工序数控化率增长均超过40%。同时，贵州省、新疆维吾尔自治区、宁夏回族自治区近五年两化融合发展水平增长均超过20%，成为加速西部地区转型发展的重要力量。

## 74. 我国东北地区两化融合发展现状如何？

我国东北三省两化融合发展水平位于全国第二、三梯队。截至2024年12月月底，黑龙江省、吉林省、辽宁省两化融合发展水平分别为53.8、53.0和59.3，近五年增长均超过10%，达到14.7%、11.3%和10.8%，形成由辽宁省引领，黑龙江省、吉林省加快追赶的发展格局。具体来看，辽宁省积极推进重点产业链供应链质量联动提升工作，打造"链长组织、链主引领、链员协同、基础支撑、技术赋能"模式。截至2024年12月月底，辽宁省实现产业链协同的企业比例达到17.4%，位居全国第七位。黑龙江省实施"智改数转"千企技改专项行动，近五年数字化研发设计工具普及率与关键工序数控化率增长均超过40%。吉林省推进汽车产业集群"上台阶"工程，以汽车制造装备数智化改造为路径，提升整车柔性生产水平。截至2024年12月月底，吉林省开展个性化定制的企业比例达到15.4%，位居全国第十二位。

## 第四节　重点行业两化融合发展现状

### 75. 我国原材料行业两化融合发展现状如何？

原材料行业以流程型制造为主，主要包括石化、建材、钢铁、有色金属等细分行业，具有生产过程连续性强、生产环境要求苛刻、经营决策模式以面向库存的刚性生产为主等特点。

从整体发展水平看，截至 2024 年 12 月月底，我国原材料行业两化融合发展水平为 64.1，略高于装备行业（63.8）和消费品行业（63.3），低于电子信息行业（64.8）。在细分行业中，钢铁、石化、有色金属、建材行业的两化融合发展水平分别为 66.8、65.4、62.4、62.0，如图 5-14 所示。

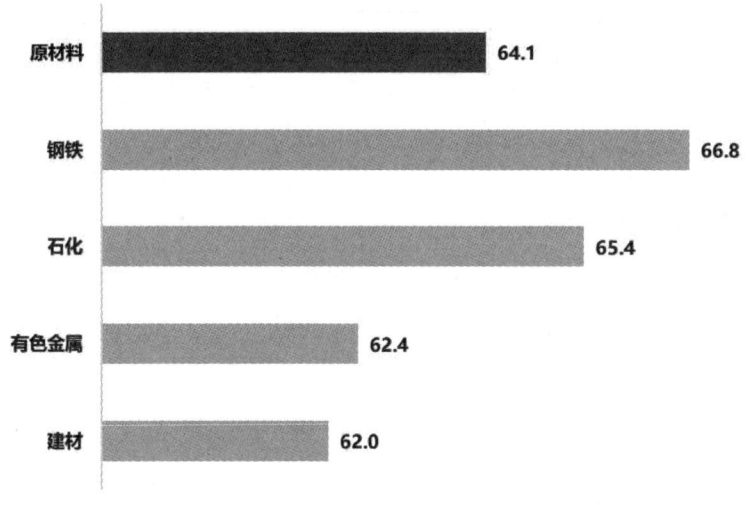

图 5-14　2024 年原材料及其细分行业两化融合发展水平

从关键业务环节看，原材料行业中生产设备数字化、互联网化水平相对较高。截至 2024 年 12 月月底，原材料行业数字化生产设备联网率为

56.4%，明显高于装备行业（47.5%）、消费品行业（48.6%）和电子信息行业（54.2%）。同时，原材料行业生产过程数控化水平相对较高，关键工序数控化率为76.3%，分别高于装备行业（59.0%）、消费品行业（61.9%）和电子信息行业（68.8%）17.3%、14.4%和7.5%，如图5-15所示。原材料行业企业数字化设备与产线基础建设扎实，生产制造全流程一体化管控能力领先于其他行业。

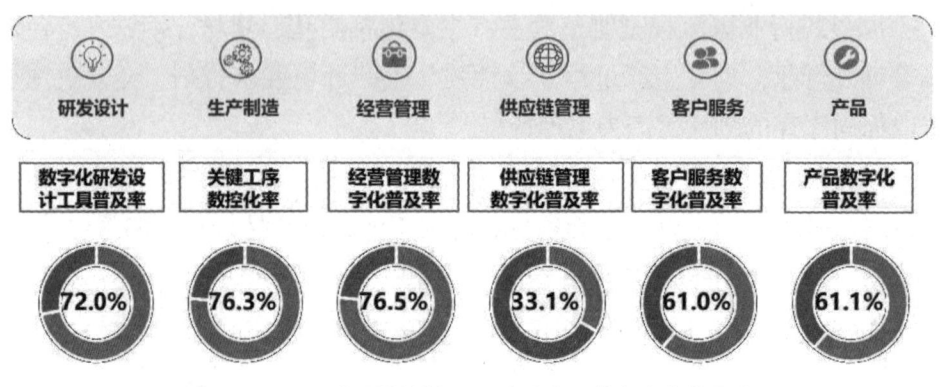

图5-15　2024年原材料行业六大业务环节数字化普及率

| 研发设计 | 生产制造 | 经营管理 | 供应链管理 | 客户服务 | 产品 |
|---|---|---|---|---|---|
| 数字化研发设计工具普及率 | 关键工序数控化率 | 经营管理数字化普及率 | 供应链管理数字化普及率 | 客户服务数字化普及率 | 产品数字化普及率 |
| 72.0% | 76.3% | 76.5% | 33.1% | 61.0% | 61.1% |

## 76. 我国装备行业两化融合发展现状如何？

装备行业是典型的离散工业，主要包括交通设备制造、机械等细分行业，具有产品结构复杂且价值高、制造技术资金密集、产业链关联度高等特点。

从整体发展水平看，截至2024年12月月底，我国装备行业两化融合发展水平为63.8，略高于消费品行业（63.3），低于电子信息行业（64.8）、原材料行业（64.1）。在细分行业中，交通设备制造、机械行业的两化融合发展水平分别为66.1和62.7，如图5-16所示。

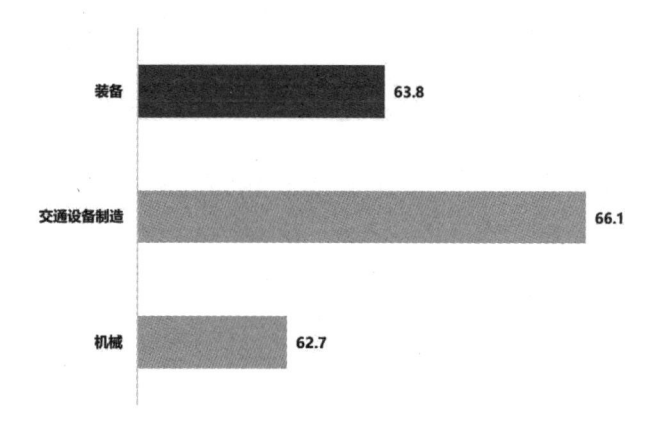

图 5-16　2024 年装备及其细分行业两化融合发展水平

从关键业务环节看，装备行业数字化研发创新能力优势明显。截至 2024 年 12 月月底，装备行业的数字化研发设计工具普及率达到 92.7%，领先于原材料行业（72.0%）、消费品行业（78.5%）和电子信息行业（88.4%），如图 5-17 所示。在细分行业中，交通设备制造与机械行业的数字化研发设计工具普及率分别为 93.3%、92.5%，超九成企业应用数字化软件工具开展产品创新。装备行业企业研发设计环节的数字化水平较高，为以客户需求为核心开展定制化协同研发等创新性探索奠定了良好基础。

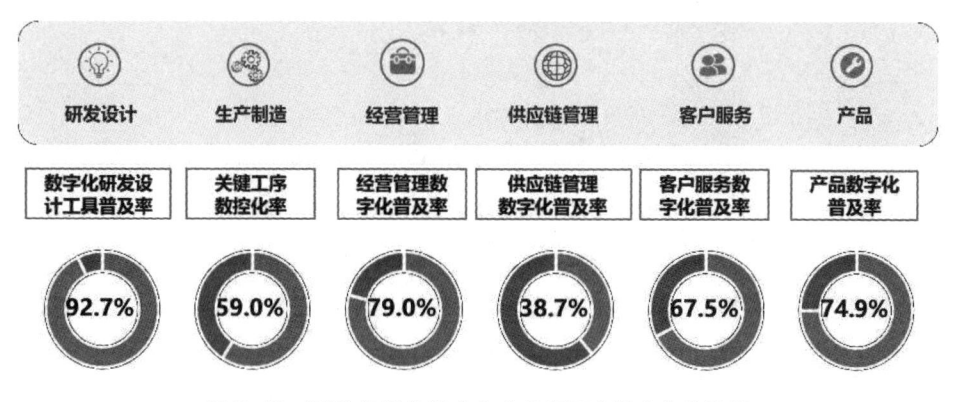

图 5-17　2024 年装备行业六大业务环节数字化普及率

## 77. 我国消费品行业两化融合发展现状如何？

消费品行业是我国重要的民生产业和传统优势产业，主要包括纺织、医药、食品、轻工等细分行业，具有劳动密集度高、个性化定制化的产品需求强、供应链高效运行要求严格等特点。

从整体发展水平看，截至 2024 年 12 月月底，我国消费品行业两化融合发展水平为 63.3，略低于装备行业（63.8）、原材料行业（64.1）和电子信息行业（64.8）。在细分行业中，食品、医药、纺织、轻工行业的两化融合发展水平分别为 64.3、63.3、63.1、62.5，如图 5-18 所示。

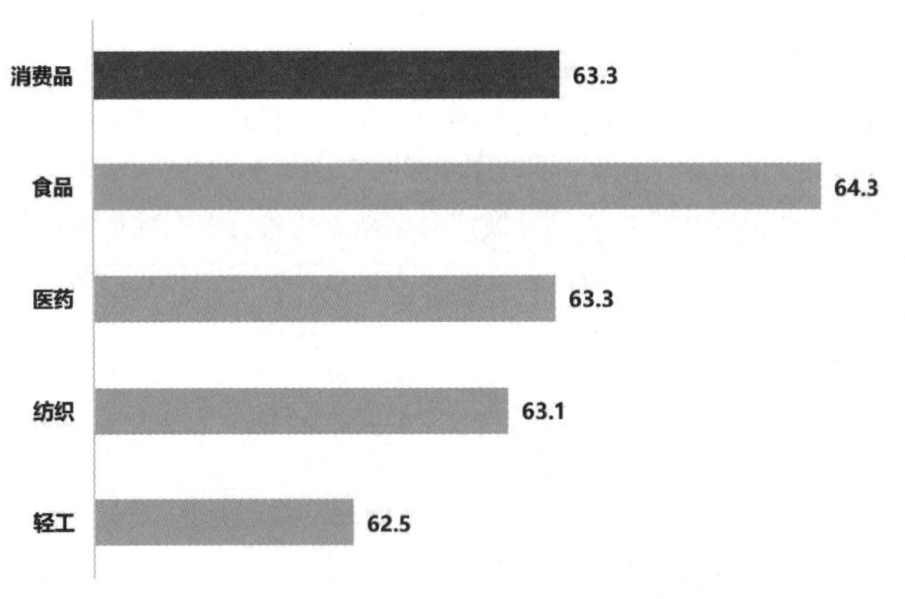

图 5-18 2024 年消费品及其细分行业两化融合发展水平

从关键业务环节看，消费品行业数字化经营管理能力突出。截至 2024 年 12 月月底，消费品行业经营管理数字化普及率达到 80.1%，明显高于装备行业（79.0%）和原材料行业（76.5%），如图 5-19 所示。同时，消费品行业电子商务应用广泛，行业工业电子商务普及率达到

72.4%，分别高于原材料行业（66.7%）、装备行业（70.2%）、电子信息行业（70.6%）5.7%、2.2%和1.8%。消费品行业持续深化数字技术在经营管理环节的应用实施，对营销模式的创新与发展具有积极的促进作用。

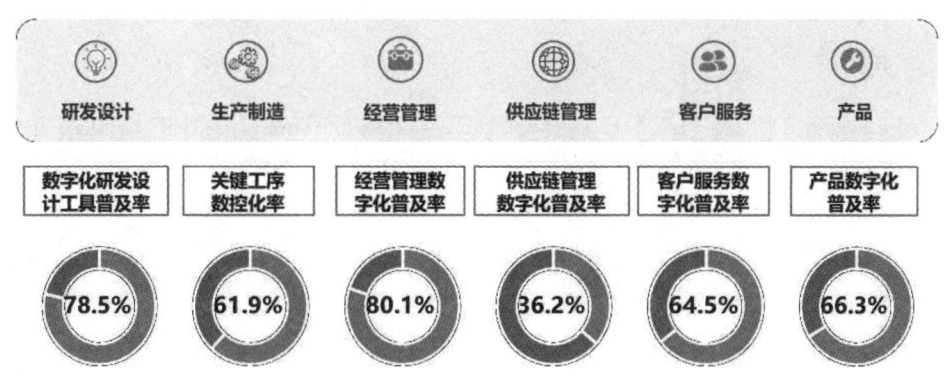

图 5-19  2024 年消费品行业六大业务环节数字化普及率

（研发设计 数字化研发设计工具普及率 78.5%；生产制造 关键工序数控化率 61.9%；经营管理 经营管理数字化普及率 80.1%；供应链管理 供应链管理数字化普及率 36.2%；客户服务 客户服务数字化普及率 64.5%；产品 产品数字化普及率 66.3%）

## 78. 我国电子信息行业两化融合发展现状如何？

电子信息行业涉及电子元器件、专用材料、集成电路、移动通信、半导体、智能消费设备制造等多个领域，数字化基础较为扎实，数字技术融合应用程度较深，具有产品数字化属性强、更新换代周期快等特点。

从整体发展水平看，截至 2024 年 12 月月底，我国电子信息行业两化融合发展水平为 64.8，在制造业行业中保持领先位置。

从关键业务环节看，电子信息行业各关键业务环节具备较好的数字化基础。截至 2024 年 12 月月底，电子信息行业的经营管理数字化普及率、供应链管理数字化普及率、客户服务数字化普及率、产品数字化普及率分别达到 80.8%、42.8%、69.9%、80.1%，均高于原材料行业、装备行业、消费品行业，位居全行业首位，如图 5-20 所示。同时，电子信息行业企业将人工智能、5G、先进传感等智能技术广泛融入产品，产品智能化水平较高，能够生产智能化产品的企业比例达到

12.2%,明显高于原材料行业（8.6%）、消费品行业（10.3%）、装备行业（10.5%）。得益于坚实的数字化基础和新技术应用的日益普及，电子信息行业智能化升级进程正不断加速。

| 研发设计 | 生产制造 | 经营管理 | 供应链管理 | 客户服务 | 产品 |
|---|---|---|---|---|---|
| 数字化研发设计工具普及率 | 关键工序数控化率 | 经营管理数字化普及率 | 供应链管理数字化普及率 | 客户服务数字化普及率 | 产品数字化普及率 |
| 88.4% | 68.8% | 80.8% | 42.8% | 69.9% | 80.1% |

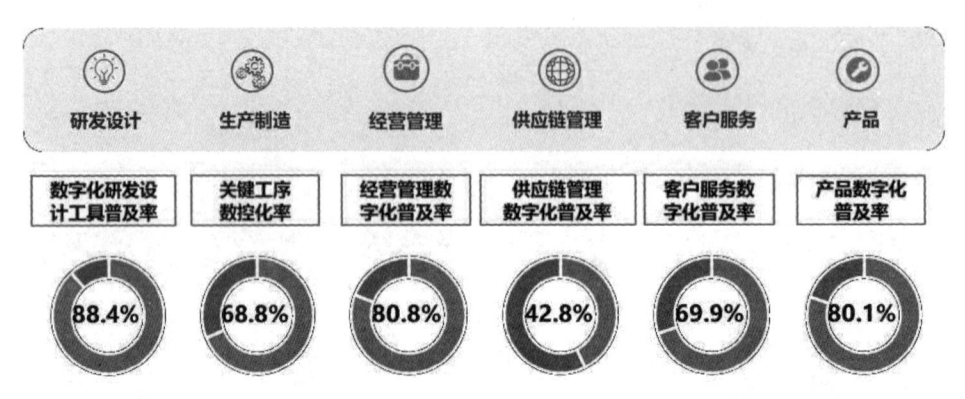

图 5-20  2024 年电子信息行业六大业务环节数字化普及率

# 第五节
## 不同规模企业两化融合发展现状

### ◆ 79. 我国中小企业两化融合发展现状如何?

近年来,我国中小企业融合发展步伐不断加快,且与大型企业的水平差距持续缩小。截至2024年12月月底,我国中小企业的两化融合发展水平达到60.1,与大型企业的两化融合发展水平的差距由2020年的19.9%缩减至11.6%,如图5-21所示。

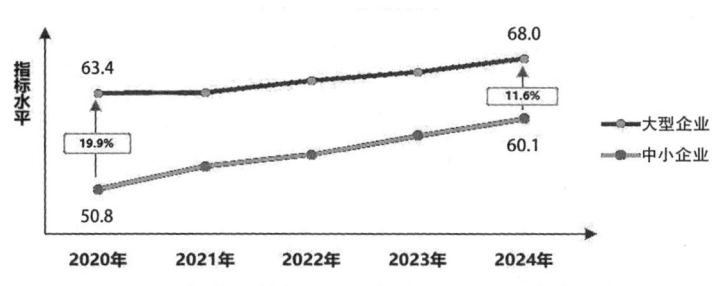

图5-21 近五年我国中小企业与大型企业两化融合发展水平差距

从关键业务环节来看,我国中小企业以单点突破带动整体发展,"数字研发"与"数字营销"成效明显。截至2024年12月月底,我国中小企业数字化研发设计工具普及率为80.1%,以"数字研发"为突破,迅速推出新技术、新产品、新服务;工业电子商务普及率为68.1%,以"数字营销"为突破,聚焦客户个性化需求开展产品服务创新,拓展培养核心客户群体,带动整体经济效益提升,如图5-22所示。

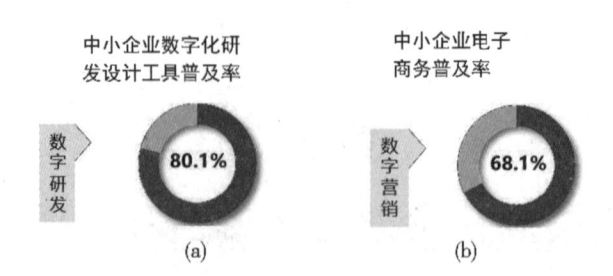

图 5-22  2024年我国中小企业"数字研发"与"数字营销"水平

从平台应用情况来看，中小企业积极探索基于互联网、第三方平台的开放式发展模式，借力平台资源和生态实现数字化转型成本降低和成效发挥，"资源共享"与"价值共创"势头良好。截至2024年12月月底，我国中小企业工业云平台应用率为58.6%，中小企业利用云化软件、工业App等服务资源，有效降低转型门槛和成本，并融入龙头企业的产业链供应链，依托链上丰富的生产制造资源和客户订单资源等，探索共享制造、产业链金融等新模式，如图5-23所示。

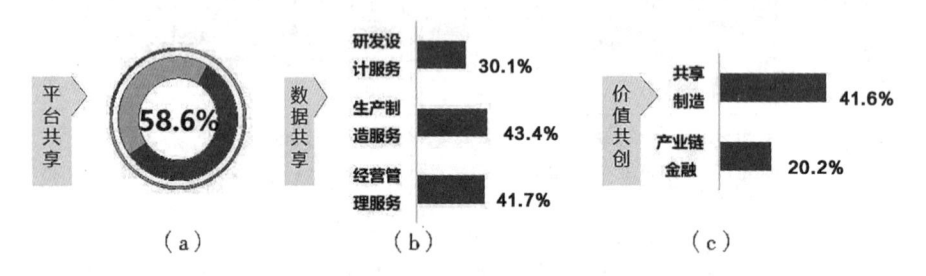

图 5-23  2024年我国中小企业基于平台实现"资源共享"与"价值共创"情况

## ◆ 80. 我国大型企业两化融合发展现状如何？

总体来看，我国大型企业具有显著的规模优势和扎实的数字化基础，两化融合发展水平明显高于中小企业，并在数字化转型和智能化改造进程中处于领先位置。截至2024年12月月底，我国大型企业两化融合发展水平达到68.0，较中小企业高出11.6%，各行业龙头企业和"链主"企业作为

## 第五章　两化融合的发展现状

融合发展的先行者，起到了重要引领作用，如图 5-24 所示。

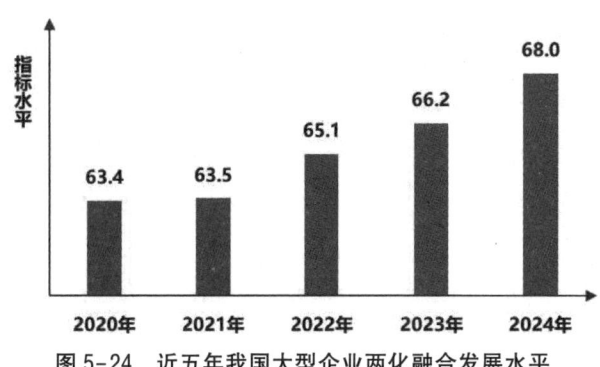

图 5-24　近五年我国大型企业两化融合发展水平

具体来看，随着我国两化融合发展的持续加快，大型企业着力探索打造全流程数据治理与先进"智造"能力，转型升级逐渐步入"深水区"。

在数据治理方面，大型企业加快构建集数据采集、管理、利用于一体的全流程数据治理能力，利用数据有效破解业务瓶颈，探索高效运营管理新模式。截至 2024 年 12 月月底，我国大型企业依托数据采集与监控系统（SCADA）实现数据采集管理的企业比例达到 48.1%，实现数据统一集中管理和多场景数据开发利用的企业比例分别达到 69.8% 和 40.7%，均明显高于中型企业和小微型企业，如图 5-25 所示。这能够有效激发数据要素活力，助力全产业链数据要素价值发挥。

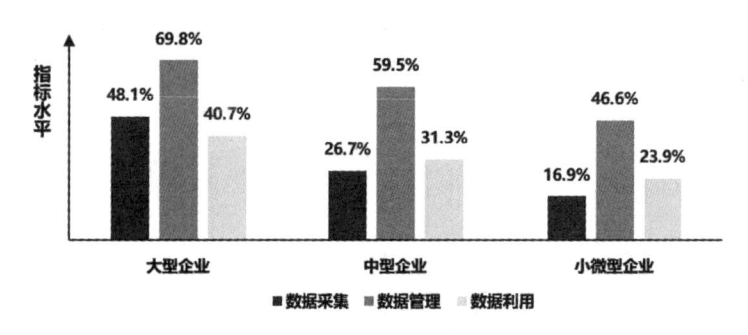

图 5-25　2024 年我国不同规模企业开展数据治理情况

在先进"智造"方面，大型领军企业聚焦智能制造、人工智能技术应用，加快培育智能制造新模式，并逐步从"低成本、低定价"的低端竞争模式向"高质量、高价值"的高端竞争模式转变。截至2024年12月月底，我国大型企业智能制造就绪率为31.2%，实现智能化生产、生产经营智能分析及生产智能化产品的企业比例分别达到16.4%、16.8%和16.3%，全面领先于中型企业与小微型企业，为加快实现先进制造奠定了坚实基础，如图5-26所示。

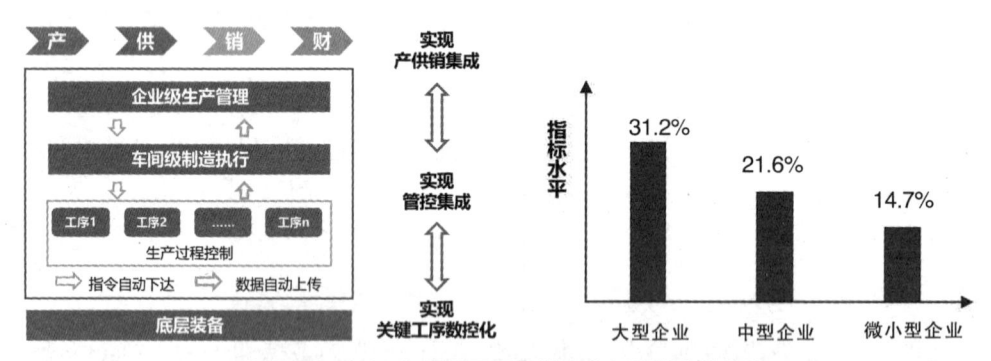

图5-26　2024年我国不同规模企业智能制造就绪率

# 第六章

# 企业推进两化融合的实施方法

## 第一节

### 需求侧：推进两化融合的方法路径

#### 81. 企业推进两化融合的指导原则有哪些？

为构建符合企业发展战略、适应企业自身现状的两化融合管理体系和机制，企业应遵循以下九项原则。

原则一：以获取可持续竞争优势为关注焦点。企业推进两化融合的最终目的是提升综合实力，在市场竞争中获得可持续的商业成功。通过不断打造信息化环境下的新型能力，形成并保持动态竞争优势，是组织可持续发展的必然选择。两化融合管理体系引导组织以获取可持续竞争优势为关注焦点，并将其作为两化融合工作的出发点和落脚点。

原则二：战略一致性。两化融合是以信息化和工业化并重为特征的一种企业经营管理模式，服务于企业发展战略。因此，两化融合的主攻方向和推进节奏需与企业同期的发展战略保持一致，并为战略的实现和持续改进提供可管控的手段。

原则三：领导的核心作用。两化融合是企业战略任务，领导的认识水平、变革决心和领导能力，是两化融合管理体系有效运行的基本前提和坚实保障。两化融合应由领导作为一把手牵头推动，充分发挥领导的核心作用。

原则四：全员参与、全员考核。企业全体员工是两化融合需求的提出者和工作要求的落实者，企业通过建立员工培养和奖惩机制，加强员工赋能和绩效激励，调动全员推进两化融合的积极性和创造力，实现员工个人与企业共同发展。

原则五：过程管理。为适应以用户为导向的市场竞争新需求，企业需要突破传统的直线职能制组织体系，逐步建立跨部门协同运作的过程闭环管控机制，确保两化融合过程持续受控，提升两化融合的效率和效果。

原则六：全局优化。企业采用系统方法，将相互依赖和相互关联的两化融合相关活动和过程视为一个系统，从全局角度对企业两化融合的整体运行进行全面管理，加强两化融合相关活动和过程的有机关联性，实现动态改进和全局优化。

原则七：循序渐进、持之以恒。两化融合是一个长期逐步优化、螺旋式提升的过程，需要采取循序渐进的策略，不断识别和确定新型能力及阶段性目标，坚持持续改进，增强执行力，从而获取新的竞争优势，实现良性循环。

原则八：创新引领。创新已成为实现我国制造业由大变强的必由之路。两化融合通过强化数据的开发利用，带动技术、业务流程、组织结构三要素同步创新和持续优化，从而加速制造业转型变革、抢占发展先机。

原则九：开放协作。企业通过信息技术手段，重构和整合内外部资源，以用户需求为中心，建立新的合作分享模式和更灵活的组织形态，在整个价值网络范围内优化资源配置，实现高度协作、成本更低、反应更快的供需对接和集成运作。

## 82. 为什么企业推进两化融合是"一把手"工程？

企业推进两化融合是一个长期战略和系统工程，涉及业务流程再造、管理方式变革、要素资源统筹等多个方面，涉及不同层级、不同部门、不同人员的职能定位和利益分配，需要企业"一把手"和全员一致认同、主动参与和有效作为。"一把手"工程以"一把手"为核心，带动全员宣贯、全员参与和全员激励，将两化融合发展理念、战略目标和主要任务融入日常行动中，确保两化融合目标有效达成。

一是变革始于认知。"一把手"的认知转变带动全员宣贯，形成两化融合发展共识。"一把手"要站在全局的高度，打破传统思维，勇于尝试新的方法和手段，建立员工培养和发展机制，通过培训、文化宣贯等方式，促使全员对两化融合的重要性、理念、方法、路径等达成共识，将两化融合工作融入组织基因和日常行为中。

二是成败取决于执行。应以"一把手"亲身参与两化融合项目实施带动形成全员参与、共同推进的良好氛围。"一把手"要密切关注并参与两化融合工作的进展和效果，推动新技术在工作场景中的深度应用，打造高效、透明、协同的数字化工作环境，提升员工工作效率，赋能员工学习成长，提高团队生产力；宜支持构建企业知识图谱，推动企业内外知识成果的系统梳理、整合和利用，支持员工知识水平和业务能力持续提升。企业可构建开放式创新平台，带动员工提升创造力，鼓励员工积极参与两化融合实践。

三是优化根植于内生动力。企业应以"一把手"为主导，推动两化融合绩效激励变革，激发全员内生动力。企业"一把手"要支持建立以价值贡献为导向的两化融合人员绩效考核、薪酬和晋升制度，明确员工参与两化融合工作的职责，精准评价员工贡献，从根源上解决两化融合工作高阻力、低参与、不担责和"大锅饭"问题，提升企业两化融合的自我优化改进和持续造血能力。

## 83. 企业推进两化融合的关键步骤有哪些？

借鉴管理学经典循环管理理论——PDCA（计划、实施、检查、处理），并结合制造业企业两化融合发展的共性需求，企业推进两化融合发展的关键步骤应包括制定两化融合发展规划、组织落地实施、开展成效评估和推进迭代优化，具体如下。

一是制定两化融合发展规划。企业应综合利用两化融合管理体系、数字化转型成熟度、智能制造成熟度、中小企业数字化水平评测等参考标准开展评估诊断，系统梳理企业自动化、信息化基础条件，准确摸清企业两化融合发展的实际情况，识别转型升级的痛点需求和应用场景，开展投入产出测算和风险评估，明确两化融合发展的目标和方向。企业应结合系统工程（MBSE）方法论编制规划方案，体系化设计两化融合发展的目标愿景、任务框架、系统架构、技术路线、标准体系、实施任务、投入预算和保障条件，建立分阶段子任务和实施项目清单，为下一步组织实施提供清晰明确的发展规划。

二是组织落地实施。企业应系统地加强组织和条件保障，结合条件设置首席信息官（CIO）、首席数据官（CDO）等岗位，组建专门的两化融合推进队伍。企业应引导全员强化融合发展理念，持续提升互联网思维、大数据思维，推动基于数据的产品创新，优化产品数据服务。企业应按需遴选外部服务商，强化软件开发商、自动化集成商、平台服务商的深度整合，形成系统实施推进合力。企业必须高标准推进项目实施，深度介入外包开发过程，强化过程监督、质量管控和知识产权保护，以推动转型升级项目与企业业务更好地适配，充分运用新一代信息技术提高精益管理能力、提升运营效率，不断优化融合发展实施效果。

三是开展成效评估。企业应以改善经营目标和优化业务流程为导向，开展转型升级绩效评价，聚焦营收增长率、利润率、研发周期、生产运营效率、库存周转率、客户满意度等指标，梳理总结两化融合发展目标达成情况，提出优化改进方向。企业应开展数字化能力评价，聚焦系统易用性、标准符合性、数据质量水平等指标，梳理总结存在的问题，提出改进措施。成效评估可采用自评估或第三方评价等方式，评估人员应涵盖企业管理者、各业务部门责任人，以及一线技术工人。

四是推进迭代优化。企业应根据两化融合发展成效评估结果，针对融合发展实施中的短板和不足，迭代解决方案版本、强化安全防护、优化实施效果。企业应立足自身战略定位和业务发展方向，进一步制定下阶段两化融合发展目标和任务，统筹场景数字化改造和业务数字化升级，持续强化全流程精益管理水平，实现两化融合发展的螺旋式提升。

# 第六章 企业推进两化融合的实施方法

## ◆ 84. 企业推进两化融合要关注哪些关键要素?

企业在推进两化融合的过程中应特别关注数据、技术、业务流程管理与组织结构这四个关键要素。两化融合发展水平的持续提升不仅是这四要素相互作用、相互影响的综合体现,还是促进企业持续创新的源泉。

数据作为数字文明时代的关键生产要素,是数字化、网络化、智能化的基础,已快速融入生产、分配、流通、消费和社会服务管理等各个环节,并深刻改变着生产方式、生活方式和社会治理方式。与传统生产要素相比,数据具有高度的渗透性和融合性,对于提升资源配置效率、推动高质量发展具有重要意义。对于企业而言,随着两化融合的深入,数据日益成为企业生产、经营和决策的重要依据,数据的处理和应用能力也将成为企业的核心竞争力之一。

科学技术是第一生产力,历次产业革命都是以技术进步为先导、以技术创新加速产业化发展为主要特征的。以新一代信息技术为代表的高新技术的飞速发展和普及应用,正在引发企业内部、产业链甚至全球范围资源优化配置方式的变革。新兴技术的应用可以促进企业产品创新、优化生产工艺和作业过程、提升经营管理、改善市场服务等,进而为企业带来质量、成本、效率、品牌等方面的竞争优势。

业务流程管理是以构造端到端业务流程为核心,以持续提高企业绩效为目的的一种系统化进行管理优化和管理变革的方法。信息化环境下的业务流程管理,通常以在线方式进行信息传递、数据同步、业务监控,从而打破直线职能制的部门壁垒,实现跨应用、跨部门、跨合作伙伴与客户的企业运作,可极大提高资源利用率,大幅提升企业的快速响应能力和核心竞争力。

组织结构是企业在职、责、权等方面的动态结构,其本质是为实现组织战略目标而采取的一种分工协作体系。随着时代的发展,企业组织结构将逐渐由科层制管理模式下的金字塔式层级结构朝着扁平化、柔性化、网状化和去中心化的方向发展。因此，企业推进两化融合，需要引入新的管理理念和信息化手段，打破传统的职能型组织壁垒，建立适合端到端流程跨部门协同运作的组织结构，从而更好地为用户创造价值，快速响应市场变化，提高可持续发展的能力。

### 85. 企业如何建立两化融合管理体系？

企业在长期的两化融合实践探索过程中，普遍面临发展方向不清、推进路径不明、方法工具缺失等共性问题，亟须形成一套能够更有效引领企业融合创新发展的系统性理论体系、方法体系和工具体系。为此，工业和信息化部提出采用"管理体系"的方法全面引导和系统推进企业两化融合发展，并于2013年8月启动了企业两化融合管理体系建设和推广行动，参考以往成熟管理体系做法，总结提炼几十年来我国广大企业在信息化、企业管理等方面的实践经验、规律和方法，明确企业系统地建立、实施、保持和改进两化融合管理机制的通用方法，形成了一套规范企业系统推进两化融合的过程管理机制和方法，即以《信息化和工业化融合管理体系 要求》（GB/T 23001）为核心的一系列标准构成的两化融合管理体系。

企业在推进两化融合过程中，应以构建两化融合管理体系为抓手，从战略转型、业务重构、管理变革、技术融合等方面着手，抓住能力建设这个"牛鼻子"，通过建立与数字化工具技术相适应的新型生产关系，促进生产要素的优化组合及创新性配置，打造自身的新质生产力，实现企业的创新发展。在战略转型方面，企业通过一套从数字化转型战略规划、战略分解、战略执行到闭环监控和战略迭代全过程的方法论，帮助企业从全局高度进行系统谋划，把握新一轮技术和工业革命浪潮带来的发展机遇，统筹协调数字化技术引发的经营理念、发展战略、组织建设、运营管理等全方位的变革和创新。在业务重构方面，企业基于数字化工具技术应用和数据要素开发，打破部门壁垒，重构业务流程，实现敏捷、高效、柔性的业务数字化，并不断进行产品和

## 第六章　企业推进两化融合的实施方法

服务创新，培育发展数字新业务。在管理变革方面，企业通过数据、技术、流程和组织四要素协同创新，将单纯的技术方案升级为系统性解决方案，开展以数字化治理为核心的机制建设，在企业内部建立与先进的数字技术相适应的新型生产关系，充分发挥数据要素价值。在技术融合方面，通过IT、OT和CT（通信技术）等技术的融合，以及管理技术与数字技术的融合，企业实现生产过程的自动化、智能化和柔性化，开展基于数据驱动的经验分析和决策，优化资源配置，提高运营效率，实现精细化管理。

具体来说，企业需通过推进战略循环（发展方向）、要素循环（融合路径）和管理循环（推进机制）的有序运转和迭代升级，构建两化融合管理体系，促进企业的战略转型、业务重构、管理变革、技术融合，以实现两化融合水平的持续提升。

战略循环（战略—可持续竞争优势—新型能力）：企业的战略应充分融入两化融合的发展理念，识别内外部环境的变化，并明确与战略相匹配的可持续竞争优势需求。通过打造信息化环境下的新型能力，获取预期的可持续竞争优势，实现战略落地。通过对战略循环过程进行跟踪评测，寻求战略、可持续竞争优势、新型能力互动改进的机会。

要素循环（数据—技术—业务流程—组织结构）：围绕拟打造的新型能力及目标，通过发挥技术（信息技术、通信技术、管理技术、服务技术、能源技术、应用领域技术等）的基础性作用，优化业务流程，调整组织结构，并通过技术实现和规范新的业务流程和组织结构，不断加强数据开发利用，挖掘数据这一核心要素的创新潜能，推动和实现数据、技术、业务流程管理、组织结构四要素的互动创新和持续优化。

管理循环（策划—支持、实施与运行—评测—改进）：围绕数据、技术、业务流程、组织结构四要素，发挥领导的核心作用，建立策划、支持、实施与运行、评测与改进管理机制，规范两化融合过程，通过诊断对标深入开展差距分析，推动新型能力的螺旋式提升，稳定获取预期的竞争优势。

## 86. 企业如何建设智能工厂？

智能工厂不仅是实施智能制造的主要载体，还是实现新一代信息技术与先进制造技术深度融合的重要载体。企业需依据《智能制造典型场景参考指引》（工信厅联通装函〔2024〕361号），按照《智能工厂梯度培育要素条件》（工信厅联通装函〔2024〕399号）的建设内容，围绕工厂建设、研发设计、生产作业、生产管理、运营管理等方面，开展智能工厂的设计建设和迭代升级。

一是工厂建设。企业针对工厂规划、工艺布局、产线设计、物流规划、信息基础设施建设等业务活动，推动产线级、车间级、工厂级的数字化规划和建设，实现工厂的数字化交付，缩短工厂建设周期。企业对工厂的工艺路线、产线布局、物流路径等进行系统建模和仿真优化，构建设备、产线、车间、工厂等不同层级的数字孪生系统，通过物理世界和虚拟空间的实时映射和交互，实现工厂运营持续优化。

二是研发设计。企业开展产品、工艺的数字化研发设计和仿真迭代，应用智能化设计工具，实现产品设计、工艺设计数据统一管理和协同，开展基于模型和数据的系统优化，探索数据与知识驱动的研发设计创新，开展虚拟验证和中试工作。

三是生产作业。企业开展关键装备和工艺数字化升级，推动多场景数智技术应用，实现装备运行状态智能分析和故障诊断、生产过程智能管控和在线优化、过程质量在线检测与控制，探索人工智能在工艺、装备等方面创新应用。

四是生产管理。企业对生产过程、仓储物流、设备运行、产品质量等进行数字化集成管控，开展生产全过程数据综合分析，探索多目标、多扰动、多约束情况下的生产计划优化和智能排产调度，推动制造资源的全面优化利用，建立能源、碳资产、安全、环保综合管理系统与创新机制，推动可持续制造。

五是运营管理。企业应用智能化管理工具推动经营管理与生产作

## 第六章 企业推进两化融合的实施方法

业等业务的数据集成贯通，开展供应链数字化管理，通过多维数据智能分析，实现用户需求精准识别和敏捷响应、全厂资源协同优化、产品增值服务、设计生产服务闭环优化、智能化决策支持等，推进供应链上下游"链式"协同。

### 87. 企业如何应用实施工业互联网平台？

工业互联网平台为加速制造业发展模式转变提供重要引擎，企业系统推进工业互联网平台应用实施，主要过程包括总体规划、整体设计、实施准备、平台实施与平台应用[①]，如图6-1所示。

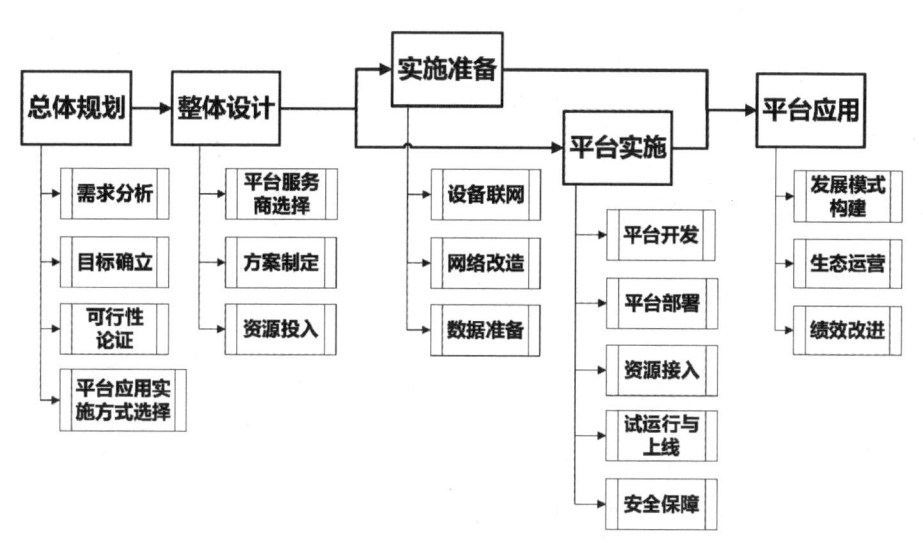

图6-1 工业互联网平台应用实施的主要过程

一是总体规划。企业在总体规划时，应明确工业互联网平台应用需求，从平台化设计、数字化管理、智能化制造、网络化协同、个性化定制、服务化延伸等方面确定适宜的发展模式，确立工业互联网平台应用目标，综合分析工业互联网平台应用的可行性，并选择适宜的

---

① 国家市场监督管理总局国家标准化管理委员会. 工业互联网平台 应用实施指南 第1部分：总则：GB/T 23031.1—2022[S]. 北京：中国标准出版社，2022.

工业互联网平台应用实施方式。

二是整体设计。企业在整体设计时要根据所确定的平台应用实施方式及自身业务特点选择适宜的工业互联网平台服务商，制订切实可行的工业互联网平台应用实施方案，合理安排人、财、物等相关资源投入。

三是实施准备。企业要提供工业互联网平台应用实施所需的基础支撑条件，做好设备联网、网络改造、数据准备等实施准备工作。

四是平台实施。企业要根据所确定的平台应用实施方式进行工业互联网平台开发与部署，将相关设备、系统、数据接入平台，稳妥开展工业互联网平台试运行与上线工作，并同步提升工业互联网平台安全保障能力。

五是平台应用。企业应从平台化设计、数字化管理、智能化制造、网络化协同、个性化定制、服务化延伸等方面构建基于工业互联网平台的创新发展模式，持续汇聚模式发展所需要的人、机、料、法、环等各类资源，不断繁荣工业互联网平台运营生态，系统地分析并改进工业互联网平台应用绩效。

## 88. 不同类型企业如何推进两化融合？

根据制造业企业数字化基础、企业规模等差异化特点，将企业划分为行业龙头企业、大型企业和中小企业三类，不同类型企业推进两化融合的具体策略如下。

行业龙头企业数字化基础较好，企业内部具有相对成熟的两化融合发展经验，下一阶段转型升级的重点应聚焦于提高产业链协作效率和供应链一体化协同水平，巩固其市场主导地位。行业龙头企业应构建面向行业/产业集群的工业互联网平台，打造贯通工具链、数据链、模型链的数字底座，营造开放共享的产业转型生态体系，提升制造资源配置效率，增强产业链供应链韧性和风险防范能力。

大型企业两化融合发展重点应聚焦于整合现有数字化基础能力，

## 第六章　企业推进两化融合的实施方法

以系统性思维制定整体融合发展规划，通过建设工业互联网平台提升数据采集、知识沉淀、业务打通、生态搭建等能力，推进企业内部全流程、全场景、全链条数字化转型，实现数据驱动的智能生产决策和运营深度优化。

中小企业量大面广，数字化转型需求与能力资源各不相同，应坚持因"企"制宜、重点突破，评估转型潜在价值和可行性，明确转型优先级。专精特新"小巨人"企业可向产品数字孪生、设计制造一体化等更为复杂的场景开展改造。专精特新中小企业和规上工业中小企业应以核心场景为突破口，实施深度改造升级。小微企业应结合自身资源条件，开展普惠性"上云用数赋智"服务，实现业务系统向云端迁移，提升企业经营水平。

## 第二节
## 供给侧：实施两化融合的解决方案

### 89. 两化融合服务商的主要类型有哪些？

两化融合服务商可在两化融合推进过程中为企业提供某一专业领域的产品、技术和服务，从而提升企业两化融合水平，使其有效开展转型发展相关工作，主要包括咨询评价类服务商与实施类服务商两种类型。

咨询评价类服务商主要分为规划咨询服务商和评价监理服务商。其中，规划咨询服务商主要为企业提供产业规划、转型咨询、工程设计等服务；评价监理服务商主要为企业提供两化融合认证评价、测试、监理等服务。

实施类服务商主要分为经营管理数字化服务商、研发生产数字化服务商、数字化基础设施服务商、数字化转型技术服务商和智能设备服务商。其中，经营管理数字化服务商主要为企业提供流程管理、财务管理、营销管理、供应链管理、售后管理等重点环节的数字化服务；研发生产数字化服务商主要为企业提供产品设计、工艺设计、仿真分析、计划调度、生产管控、设备运维、仓储物流、安全管控、能源管控等重点环节的数字化服务；数字化基础设施服务商主要为企业提供网络、云计算、物联网接入和工业互联网平台等服务；数字化转型技术服务商主要为企业提供数据应用技术、人工智能技术、信息系统集成等相关技术的服务；智能设备服务商主要为企业提供通用设备数字化升级改造、设备工艺调试、设备管控等服务。

### 90. 工业互联网平台提供的典型服务有哪些？

工业互联网平台提供的典型服务包括分布式IT资源调度与管理、工业资源泛在连接与优化配置、工业大数据管理与挖掘，微服务供给、管理与迭代优化，覆盖工业App全生命周期的环境与工具服务等。

分布式IT资源调度与管理：建立IT软硬件的异构资源池并提供高效的资源调度与管理服务，通过实现IT能力平台化，大幅降低企业信息化建设成本，加速企业数字化进程，推动核心业务向云端迁移，为OT和IT的融合和创新应用提供基础支撑。

工业资源泛在连接与优化配置：工业互联网平台通过部署边缘处理解决方案，围绕"人机料法环"等平台连接的工作人员、设备设施、产品物料、信息系统、厂房环境、工业传感器等各类资源要素，进行大范围、深层次、高复杂的数据采集。

工业大数据管理与挖掘：工业互联网平台通过海量、异构的工业数据汇聚共享，实现工业大数据的分级分类管理与价值挖掘。

微服务供给、管理与迭代优化：工业互联网平台通过提供微服务及微组件发布及调用的环境与工具，实现微服务的持续供给、管理优化与迭代完善。

覆盖工业App全生命周期的环境与工具服务供给：企业基于工业互联网平台提供知识汇聚和共享的中心，通过建立开发者社区，提供覆盖工业App开发、测试验证、虚拟仿真、实施部署、调度优化等全生命周期各环节的开发环境和工具。

### 91. 两化融合通用工具产品有哪些？

两化融合通用工具产品主要包括数字化感知和检测工具、数字化专用装置、数字化"中间件"、数字化边缘节点、SaaS化企业管理软件等，具体如下。

数字化感知和检测工具是利用 3D 视觉、机器学习、激光感知、X 光、电磁、光谱、质谱等检测技术手段，获取产品、物料的材料成分、外观参数、运行状态等信息，并实现数据分析、监测预警的工具，如智能成像仪、缺陷检测仪等。

数字化专用装置是通过综合利用红外感知、激光感知、机器视觉、人机交互、机器学习等技术，实现研发设计、生产制造、物流运输等环节智能化应用的装置，如装配机器人、喷涂机器人、智能立体仓库等单一功能或集成式工具。

数字化"中间件"是用于定义设备之间如何连接和沟通的规则，以及用于实现不同应用软件之间数据交互、协议转换、安全隔离等功能的软件工具，如 Modbus、OPC、UART 等嵌入式工业通信接口协议，以及软件接口适配工具、数据字典语义转换工具等。

数字化边缘节点是在数据源头的边缘侧具有融合网络、计算、存储、应用等核心能力的一体化数字化设备，实现工厂侧局部协同优化，如边缘服务器、边缘网关等智能设备。

SaaS 化企业管理软件是围绕企业"研产供销服"过程中人财物的数字化管理目标，针对生产和经营的业务场景的共性需求，形成通用的功能、业务流程和数据智能等应用，实现面向用户的场景化选配、即开即用、付费即用（标准化）的各类管理软件，如企业资源计划（ERP）、协同办公、财务管理等应用。

## ◆ 92. 常用的工业软件有哪些？

工业软件是在工业领域辅助进行工业设计、生产、通信、控制的软件，是工业技术、流程的程序化封装与复用。主要包括产品研发设计类软件、生产控制类软件和业务管理类软件等类型。

产品研发设计类软件主要用于提升企业在产品研发工作领域的能力和效率，包括 3D 虚拟仿真系统、计算机辅助设计（CAD）、计算机辅助工程（CAE）、计算机辅助制造（CAM）、计算机辅助工艺规划

（CAPP）、产品数据管理（PDM）、产品生命周期管理（PLM）等。

生产控制类软件主要用于提高制造过程的管控水平，改善生产设备的效率和利用率，包括工业操作系统、MES、制造运行管理（MOM）、仿真培训系统（OTS）、调度优化系统（ORION）等。

业务管理类软件主要用于提升企业的管理治理水平和运营效率，包括企业资源计划（ERP）、供应链管理（SCM）、客户关系管理（CRM）、人力资源管理（HRM）、企业资产管理（EAM）、商务智能（BI）等。

## 93. 什么是工业App？

工业App是基于松耦合、组件化、可重构、可重用思想，面向特定工业场景，解决具体的工业问题，基于平台的技术引擎、资源、模型和业务组件，将工业机理、技术、知识、算法与最佳工程实践按照系统化组织、模型化表达、可视化交互、场景化应用、生态化演进原则而形成的应用程序①。

随着新一代信息技术加速向工业领域融合渗透，传统工业软件向云化、数字化和智能化转变，与工业数据、工业知识、工业场景深度融合，工业App应运而生。工业App是工业知识和经验的重要载体，是实现工业互联网平台价值的关键手段。工业App具有轻量化、定制化、专用化、灵活性和复用性的特点，基于工业互联网平台，进行共建、共享和网络化运营，支撑制造业智能研发、智能生产和智能服务，是实现工业互联网平台价值的最终出口②。

---

① 中国工业技术软件化产业联盟，中国互联网产业联盟. 工业APP白皮书（2020）[R]. 北京：中国工业技术软件化产业联盟，2020.

② 董赢，张艾森，等. 工业APP赋能智能制造[J]. 工业控制计算机，2024（9）：137-138.

# 第七章
# 两化融合的推进举措

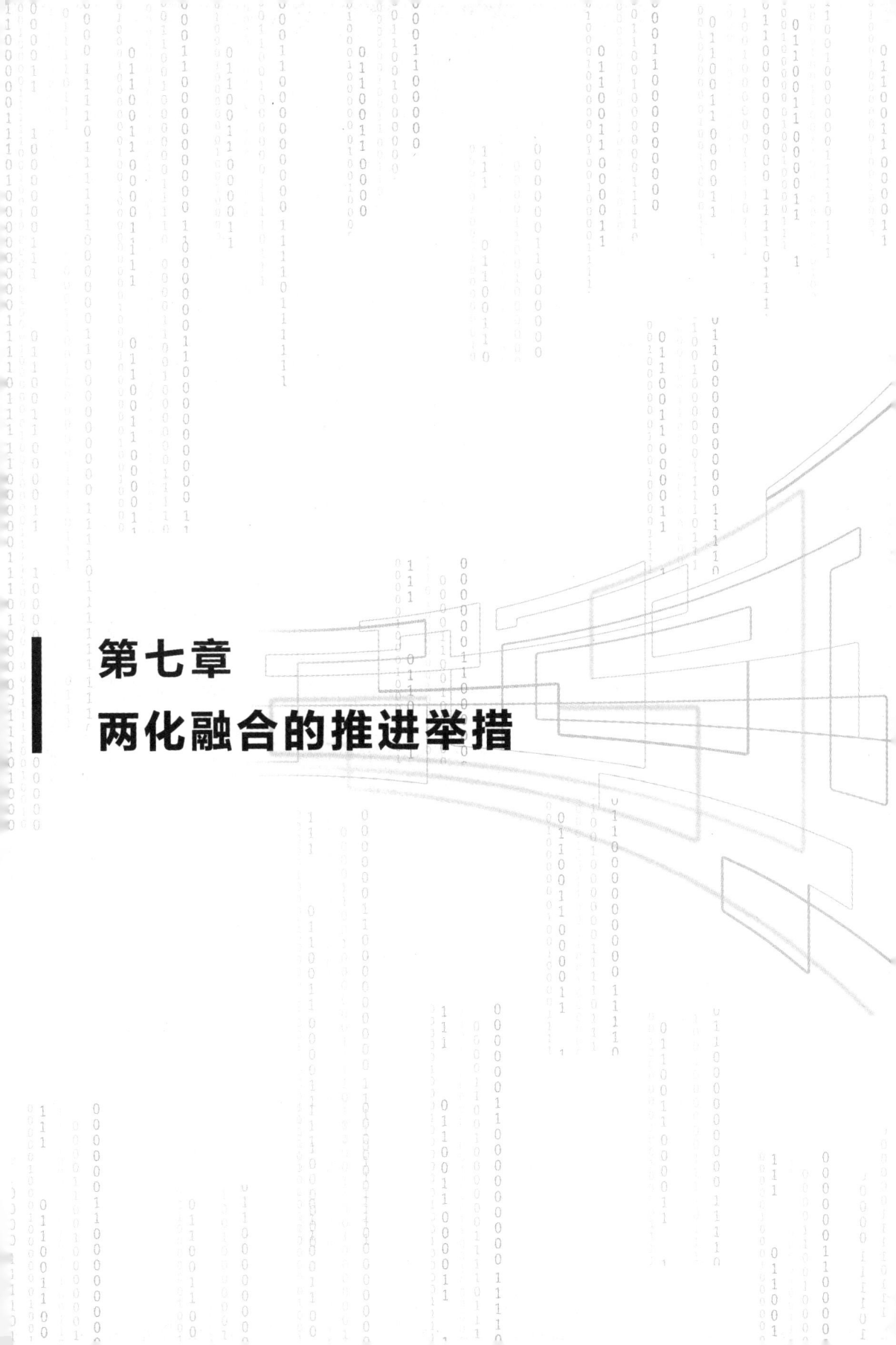

## 第一节
### 图谱化、场景化推进重点行业两化融合

◆ **94. 什么是"一图四清单"?**

"一图四清单"是基于系统工程方法,对重点行业、重点产业链典型场景进行解构分析,形成对重点行业、产业链整体数字化转型概貌、需求的体系化、结构化描述。

"一图"是重点行业、产业链数字化转型场景图谱,是对产业链上下游企业研发设计、生产制造、运维服务、经营管理、供应链管理等业务活动中典型场景的数字化、标准化表达。场景图谱主要由"1+5+N+4+2"组成,其中,"1"即1条覆盖行业/产业链关键环节的主线,指重点行业/产业链上下游典型环节及其代表企业。"5"即5类关键业务活动,指研发设计、生产制造、运维服务、经营管理、供应链管理5类业务活动。"N"即N个典型场景,指行业/产业链中若干典型场景,每个场景包含数字化现状水平、场景标签、数字化要素、价值成效和痛点问题等内容。"4"即4个数字化要素,指各个场景数字化转型所需的数据要素、知识模型、工具软件、人才技能4类数字化要素。"2"即两个方向的协同集成场景,一是横向跨环节数字化协同,指研发设计、生产制造、运维服务、经营管理、供应链管理的某一业务活动中,跨行业/产业链上下游多个环节协同的场景,包含跨环节数字化协同所需的工具链、数据链、模型链等。二是纵向跨业务数字化集成,指行业/产业链某一环节中,跨多个业务活动协同的场景,包含跨业务数字化集成所需的工具链、数据链、模型链等,反映关键环节中"研—产

—服—管—供"业务的数字化集成程度。

"四清单"是场景所需的数据要素、知识模型、工具软件和人才技能4类核心数字化要素的集合。其中，数据要素清单是场景所需的数据要素集合，包含数据要素所属类型、应用范围、重要程度等信息。知识模型清单是场景所需的知识模型集合，包含知识模型所属类别、贯通范围、产权情况等信息。工具软件清单是场景所需的工具软件集合，包含工具属性、数字化工具及供应商名称、国别、核心功能、技术依赖度等信息。人才技能清单是场景所需的典型数字化人才技能集合，包含人才技能的技能领域、紧迫性等信息。

## 95. 为什么要构建重点行业、重点产业链"一图四清单"？

推进制造业数字化转型在实施层面仍面临一系列问题和挑战。一是供需双方"话语体系不统一"。当前，制造业数字化转型供给侧和需求侧两个群体的出发点并不一致，供给侧解决方案服务商对需求侧制造业企业的行业知识和场景需求掌握不足，需求侧制造业企业对数字技术和专业解决方案了解不深，双方在话语体系上存在不统一，难以找到数字化转型的切入点和突破口。二是转型问题"一米宽百米深"。制造业细分行业、细分领域具有大量相似的"一米宽"的典型场景，每个典型场景数字化转型的要素需求存在高度差异，呈现"百米深"的特点，特定场景的解决方案难以直接在同行业、同产业链的另一个场景复制应用，导致转型成效不明、转型成本居高不下。

解决问题的关键，需要引导供需双方同向发力，按照由点及面、逐步深入的工作思路，把"场景"这一制造业全生命周期的基本单元作为纽带，将数字化转型问题转化为一个个更具操作性的场景转型问题。企业通过打造标准化的数字场景解决行业整体转型问题，实现以场景转型之"和"形成行业整体转型之"解"。重点行业、重点产业链"一图四清单"作为推进场景数字化转型的重要方法工具,为制造业企业开展数字化转型提供了参考和依据。具体作用包括以下六点。

一是可以帮助参与主体更深入地理解传统行业的业务逻辑和转型重点,通过行业龙头企业、业内专家达成行业内共识,实现转型问题的"化繁为简"。

二是可以更方便地打通供需双方话语体系,降低数字化转型服务商获客成本,"一企一策"帮助制造企业明确转型路线图和施工图。

三是可以培育更加标准化的场景数字化解决方案,通过同类场景的规模化复用,实现转型与解决方案迭代优化的良性循环。

四是可以更有针对性地挖掘产业需求,通过集众智、汇众力,找到合适的解决方案和服务商,实现场景层面的精准供需对接。

五是可以更加体系化地梳理工业数据、知识模型、工具软件等要素资源,通过网络化汇聚、模型化沉淀和平台化复用,夯实转型的数字底座。

六是可以更加有序地应用数据要素资源,通过制定关键场景数据标注、工业数据字典等标准,培育高质量工业数据语料库,为工业大模型发展奠定基础。

## ◆ 96. 如何构建重点行业、重点产业链"一图四清单"?

构建重点行业、重点产业链"一图四清单"需要从"场景"切入,系统化分析、梳理重点行业、重点产业链的数字化发展情况,以"解剖麻雀"的方式将重点行业、重点产业链分解为若干个标准化的"一米",即若干个边界清晰的场景,实现"化整为零""化繁为简"。通过绘制重点行业、重点产业链数字化转型场景图谱,分场景梳理工业数据要素、知识模型、工具软件、人才技能等要素需求,形成四类要素清单。具体来看,包括场景分类识别、场景图谱编制、要素清单梳理等步骤。

一是场景分类识别。通过调研问卷、企业访谈、专家研讨等方式，依据产业链上下游分工协作特点，从行业/产业链视角、业务活动视角、数字化要素视角三方面对场景进行分析识别。场景分类识别如图7-1所示。从行业/产业链视角出发，分类识别产业链上中下游的关键环节和业务逻辑，描绘产业链的整体架构，并分析产业链中跨环节协同的场景。从业务活动视角出发，将业务活动划分为业务类和管理类，业务类活动包括研发设计、生产制造、运维服务，管理类活动包括经营管理和供应链管理。从数字化要素视角出发，分场景分析数字化转型所应用的数据要素、知识模型、工具软件和人才技能等数字化要素。通过三个视角解耦典型场景，实现场景的数字化表达。场景的数字化要素如图7-2所示。

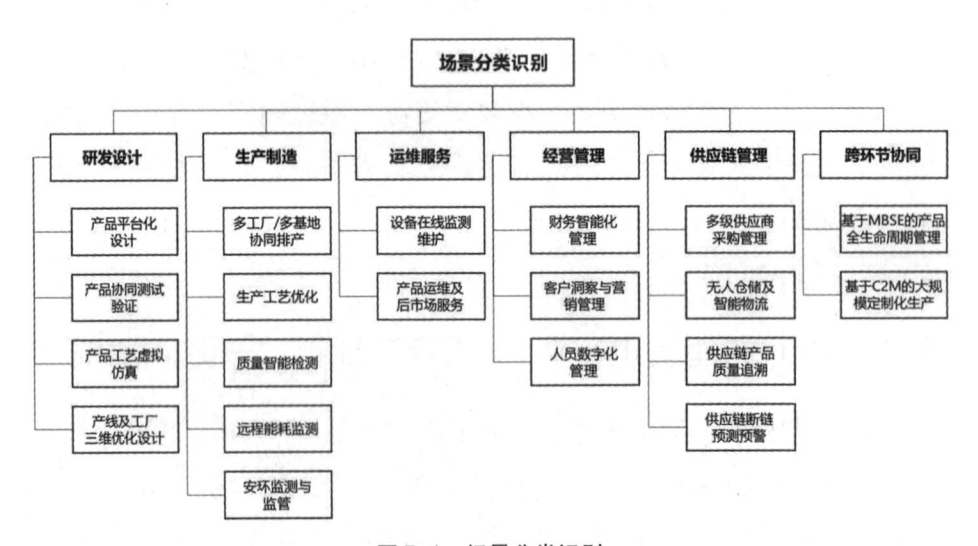

图7-1 场景分类识别

## 第七章 两化融合的推进举措

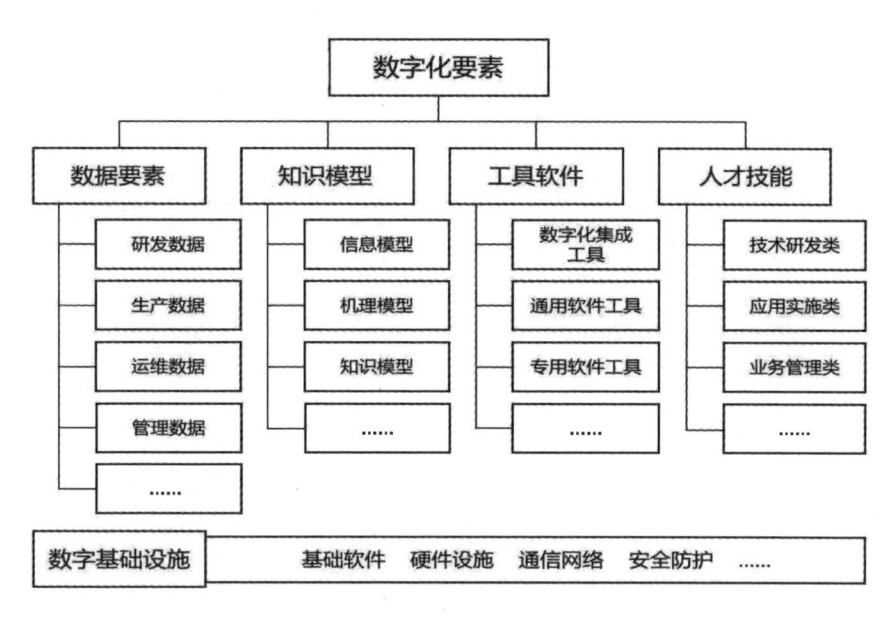

```
                    数字化要素
        ┌───────────┼───────────┬───────────┐
      数据要素    知识模型    工具软件    人才技能
        │           │           │           │
      研发数据    信息模型   数字化集成   技术研发类
                              工具
      生产数据    机理模型   通用软件工具  应用实施类
      运维数据    知识模型   专用软件工具  业务管理类
      管理数据    ......      ......       ......
      ......

  数字基础设施  基础软件  硬件设施  通信网络  安全防护  ......
```

图7-2 场景的数字化要素

二是场景图谱编制。按照系统工程思维，对重点行业/产业链数字化转型概貌、需求进行结构化描述。基于场景识别结果，逐场景对重点行业、重点产业链数字化转型发展现状进行剖析，解构数字化转型相关数字化要素和痛点问题，沿产业链将数字化场景重构成数字化场景图谱。基于对场景数字化转型所能达到的效益和效能的分析，对每个数字化场景标注节能、降本、安全、减人、提质、新模式等价值标签。数字化转型场景图谱如图7-3所示。

三是要素清单梳理。对数字化转型场景图谱中，各个场景的四类数字化要素资源开展汇总整理。以产业链性能为导向，以场景为牵引，梳理产业链数字化转型所需的数据要素、知识模型、工具软件和人才技能四类数字化要素资源，汇总各数字化要素的属性、范围，以及与使用环节、应用场景的关联关系等信息，形成四类要素清单，推动数据、模型、工具及数字化解决方案的自主化研发、模块化封装、平台化沉淀和网络化共享。四类要素清单如表7-1至表7-4所示。

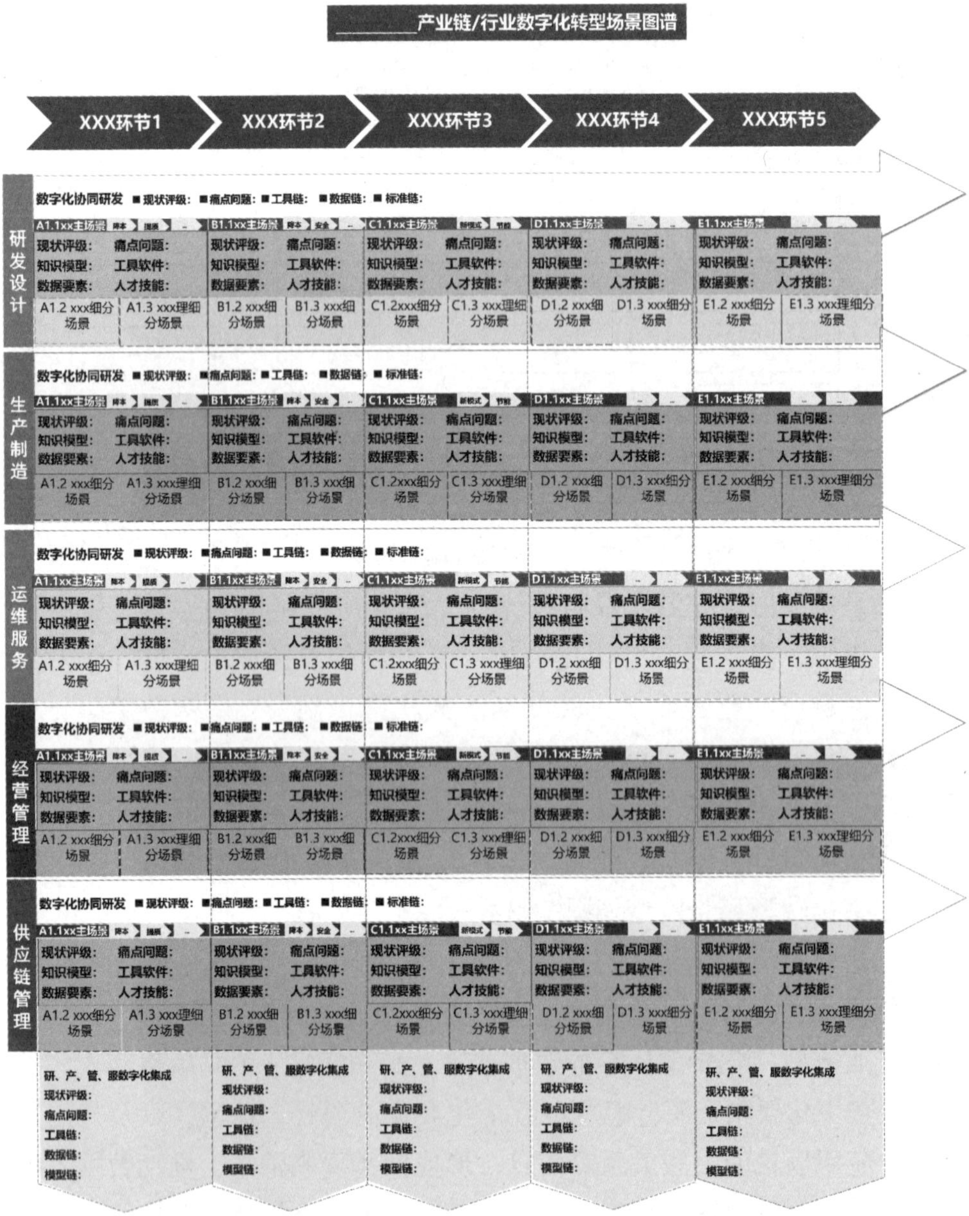

图 7-3 数字化转型场景图谱

表 7-1　行业/产业链数据要素清单

| 序号 | 类型 | 应用范围 | 数据要素名称 | 重要度 | 使用环节 | 应用场景 |
|---|---|---|---|---|---|---|
| 1 | | | | | | |
| 2 | | | | | | |

表 7-2　行业/产业链知识模型资源清单

| 序号 | 类别 | 贯通范围 | 模型资源名称 | 产权情况 | 使用环节 | 支撑场景 |
|---|---|---|---|---|---|---|
| 1 | | | | | | |
| 2 | | | | | | |

表 7-3　行业/产业链工具软件清单

| 序号 | 工具属性 | 数字化工具及供应商 | 国别 | 核心功能 | 技术依赖度 | 使用环节 | 支撑场景 |
|---|---|---|---|---|---|---|---|
| 1 | | | | | | | |
| 2 | | | | | | | |

表 7-4　行业/产业链数字化人才技能清单

| 序号 | 技能领域 | 人才技能 | 紧迫性 | 使用环节 | 支撑场景 |
|---|---|---|---|---|---|
| 1 | | | | | |
| 2 | | | | | |

## 97. 如何用好产业链数字化转型场景图谱？

数字化转型"一图四清单"的应用涉及多个主体，主要包括管理侧（各级政府主管部门等）、需求侧（各类工业企业）、供给侧（数字化转型服务商等）等。在结合行业发展情况构建形成"一图四清单"后，各类主体可协同推动"一图四清单"的应用，具体内容如下。

在管理侧，各级政府主管部门和有关行业组织可依据重点行业、重点产业链的"一图四清单"调动政、产、学、研等各方力量，形成推动制造业数字化转型的工作合力，加快制造业数字化转型行动等重点工作落实。一是梳理产业转型需求。以"一图四清单"为参考，挖掘产业转型需求，通过发布清单、征集需求等方式，支持供需双方开展供需对接，促进解决方案的培育和规模化复用。二是推动短板联合攻坚。依据短板清单组织产学研各方围绕转型短板开展联合攻坚，提升本地化、场景化的标准化解决方案供给。三是开展示范标杆遴选。依据"一图四清单"，遴选一批作用成效好、标准化程度高、可复制推广的典型数字化转型场景案例，形成示范带动效应。四是开展行业评估诊断。推动重点行业、重点产业链数字化转型评估评价体系建设和标准研制，按照"一图四清单"，并应用基于典型场景的产业链数字化转型赋能公共服务平台，根据不同场景对企业数字化转型情况进行评估诊断，摸清产业发展底数，开展梯度培育。

在需求侧，各类"链主"企业、龙头企业、中小企业在推进数字化改造过程中，可依据重点行业、重点产业链的"一图四清单"协同推进整体转型，获取转型实效。"链主"企业、龙头企业等大型企业通过"一图四清单"识别产业链上下游协同堵点，解耦重构成熟的场景数字化解决方案和改造案例，以标准化的方式在产业链上下游复制推广，引导链上水平相对较差的企业按照场景图谱开展场景的数字化改造，加快上下游企业"链式"转型；依据数字化要素清单，打通企业间数据链、模型链、工具链、人才链，破除企业间信息壁垒、数据烟囱，统一产业链的数字化"话语体系"，实现更高水平的产业链协同。产业链上中小型企业按照成熟的"一图四清单"逐场景分析企业短板和不足，摸清自身痛点问题，参考借鉴成熟的场景数字化转型解决方案，开展匹配自身需求的解决方案应用；依据数字化要素清单统一关键业务的数据格式、模型交互规范及工具软件应用，提升与"链主"企业、上下游企业的数据连接水平和业务协同水平；厘清自身关键人才技能需求，开展人才的精准培训、培养，提高员工数字化素养。

在供给侧，各类数字化转型解决方案供应商、咨询服务商及研究院所，可依据"一图四清单"促进短板技术的攻坚，研制培育标准化"小快轻准"解决方案，并通过规模化应用提升服务水平和服务能力。一是开展关键技术攻关。按照数字化转型场景图谱精准定位数字化转型的关键难点，梳理关键技术和产品的攻关清单，联合有关工业企业、研究院所、解决方案服务商共同开展攻关，加快解决"卡脖子"等短板问题。二是打造"标准化"解决方案。依据"一图四清单"了解垂直行业特点，厘清痛点场景的边界，将原有的解决方案解耦重构，形成标准化解决方案，实现在同类场景的规模化复用，降低供需双方成本。三是开展企业诊断评估。通过应用基于典型场景的产业链数字化转型赋能公共服务平台，分场景分析工业企业数字化现状和痛点问题，并按照"一图四清单"为企业提供可行的数字化改造路线，给出改造预期成效，避免走弯路，减少重复投入。

此外，在管理侧、需求侧、供给侧各方应用"一图四清单"过程中，可根据场景的最新发展情况对"一图四清单"进行迭代优化，形成"一张蓝图绘到底"的转型推进生态，促进各参与方获得转型实效。

## 第二节 选树两化融合标杆样板

### 98. 什么是中小企业数字化转型城市试点？

中小企业数字化转型城市试点是以城市为对象支持中小企业开展数字化转型，准确把握中小企业数字化转型面临的痛点难点，充分调动地方积极性，统筹各类资源优化供给，降低数字化转型成本，以数字化转型为契机提高中小企业核心竞争力，激发涌现更多专精特新中小企业，促进实体经济高质量发展的试点工作。2023年6月，由财政部、工业和信息化部印发的《关于开展中小企业数字化转型城市试点工作的通知》（财建〔2023〕117号），提出在2023—2025年分三批组织开展中小企业数字化转型城市试点工作。此后，陆续印发《中小企业数字化转型城市试点实施指南》（工企业函〔2024〕46号）、《中小企业数字化转型试点城市试点企业数字化水平评测指南（2024年版）》（工企业函〔2024〕239号）等文件，为各地实施试点工作提供指引。2024年12月，由工业和信息化部、财政部等四部门联合印发的《中小企业数字化赋能专项行动方案（2025—2027年）》（工信部联企业〔2024〕239号），部署了深入实施"百城"试点、分类梯次开展数字化改造、推进链群融通转型、推动人工智能创新赋能等重点任务，并提出，到2027年将推动4万家以上中小企业开展数字化转型。

中小企业数字化转型城市试点工作主要有三方面重点任务。一是聚焦企业需求，加快中小企业数字化转型。围绕中小企业创新、市场、提质、降本、增效、绿色、安全等实际价值提升，满足中小企业不同场景、级别的数字化转型需求，切实解决企业"不愿转、不敢转、不会转"问题。二是强化数字赋能，培育高水平"小快轻准"产品。充分调动地方政府、中小企业、数字化服务商等各方积极性，开发推广一批符合中小企业需求、高性价比的数字化产品、服务和解决方案。三是推动"链式"转型，促进产业链供应链优化升级。支持"链主"企业引领带动链上中小企业转型升级，加快"卡位入链"，提升强链补链能力。同时，试点工作将处于制造业关键领域、产业链关键环节的中小企业作为重点改造对象，注重推进人工智能、大数据等技术在中小企业中的应用。

截至 2025 年年初，财政部、工业和信息化部已分两批次，共遴选出 66 个城市纳入试点范围，推动 15 个重点领域开展数字化转型，3 万家中小企业开展数字化改造。中小企业数字化转型意识显著提升，数字化服务商服务质量持续增强，"小快轻准"转型产品和解决方案培育初具规模，中小企业高质量发展进程明显加快，中小企业数字化转型城市试点成效初步显现。第一批中小企业数字化转型试点城市包括苏州、东莞、宁波、厦门、合肥、武汉、青岛、南昌、上海市浦东新区、福州、长春、沈阳、大连、南宁、济南、太原、石家庄、郑州、长沙、成都、天津市滨海新区、重庆市渝北区、昆明、杭州、北京昌平区、深圳、榆林、哈尔滨、兰州、海口；第二批中小企业数字化转型试点城市包括北京市顺义区、天津市武清区、唐山、长治、呼和浩特、盘锦、吉林、齐齐哈尔、上海市松江区、无锡、南京、金华、绍兴、芜湖、泉州、龙岩、九江、烟台、济宁、新乡、鹤壁、宜昌、襄阳、株洲、娄底、广州、中山、柳州、宜宾、贵阳、西安、酒泉、西宁、吴忠、昌吉州、新疆生产建设兵团。

## ◆ 99. 什么是制造业新型技术改造城市试点？

制造业新型技术改造城市试点是以城市为对象，通过发挥中央财政资金引导作用，大力推进"智改数转网联"新技改，打造一批重大示范项目，促进企业设备更新、工艺升级、数字赋能、管理创新，推动传统产业转型升级，提高制造业高端化、智能化、绿色化发展水平，从而为巩固和增强经济回升向好态势，加快培育新质生产力、推进新型工业化提供有力支撑的试点工作。2024年3月,财政部、工业和信息化部印发《关于开展制造业新型技术改造城市试点工作的通知》(财建〔2024〕16号),组织开展首批制造业新型技术改造城市试点工作。

制造业新型技术改造城市试点采用"点线面"结合的方式组织示范项目,加快数智技术、绿色技术及创新产品推广应用。一是在"点"上开展数字化智能化改造示范。支持企业内外网改造升级,加快应用新一代信息技术,开展"哑"设备改造,部署数控机床、工业机器人等智能制造装备,推进制造单元、加工中心和生产线等全业务流程数字化改造,建设智能工厂。探索柔性生产、共享制造、虚拟制造等新业态和基于人工智能的智能制造新模式。支持开展数字化绿色化协同改造,加快绿色低碳技术、工艺、装备应用,建设绿色工厂。支持推动石化化工等原材料行业老旧装置综合技改,加快淘汰超期服役的落后低效设备,提升行业数字化、绿色化和本质安全水平。二是在"线"上开展产业链供应链协同数字化改造。围绕产业链重点环节提质升级,重点支持链主、龙头企业制定产业链上下游协同技术改造方案,联合配套企业同步实施技改。支持链主、龙头企业建设智慧供应链、绿色供应链,实现产业链供应链企业间高效协同。支持链主、龙头企业,联合工业软件企业、智能装备企业等编制数字化专用工具、典型场景建设方案、系统解决方案等,构建智能制造、绿色制造、工业互联网等解决方案资源池,向上下游企业共享解决方案和工具包。三是在"面"上开展产业集群、科技产业园区整体数字化改造。支持先进制造业集群核心承载园区、高新区等科技产业园区聚焦主导产业,组织重点企业开展数字化技术改造示范项目建设,引导园区内其他企业"看样学样"实施技术改造。鼓励科技产业园区建设5G、工业互联网等基础设施,按需建设算力基础设施,推进人工智能工业大模型垂直应用,构建集成互联、智能绿色的数字基础设施。建设数字化转型能力中心,培育数字化转型专业化服务商,为企业技术改造提供评估诊断等公共服务。

2024年,试点工作已遴选出首批20个制造业新型技术改造城市试点，包括天津市滨海新区、唐山、沈阳、大连、哈尔滨、苏州、嘉兴、宁波、合肥、泉州、厦门、潍坊、青岛、郑州、武汉、长沙、广州、深圳、成都、西安，通过与推动工业领域大规模设备更新、先进制造业集群创新发展等政策联动，引导带动全国工业投资规模持续提升。截至2024年，全国工业领域设备工器具购置投资规模达4.8万亿元，同比增长9.1%，工业投资同比增长12.1%，工业技术改造投资同比增长9.2%，工业投资成效显著提升。

## 100. 什么是跨行业跨领域工业互联网平台？

跨行业跨领域工业互联网平台（简称"双跨"平台）是不局限于单一行业，能够跨越多个不同行业领域提供服务和解决方案的综合能力较强的工业互联网平台。2018年7月，由工业和信息化部发布的《关于印发〈工业互联网平台建设及推广指南〉和〈工业互联网平台评价方法〉的通知》（工信部信软〔2018〕126号），提出到2020年培育10家左右的"双跨"平台工作目标。自2018年起，工业和信息化部组织开展了三批"双跨"平台遴选及一次动态评价工作，共有49家工业互联网平台入选"双跨"平台（A级10个，B级35个，C级4个），覆盖装备制造、电子信息、交通运输、电力、建材、消费品、石油石化、钢铁、冶金等多个行业。其中，A级平台企业包括卡奥斯物联科技股份有限公司、徐工汉云技术股份有限公司、航天云网科技发展有限责任公司、浪潮云洲工业互联网有限公司、北京东方国信科技股份有限公司、用友网络科技股份有限公司、北京百度网讯科技有限公司、上海宝信软件股份有限公司、联通雄安产业互联网有限公司、蓝卓数字科技有限公司；B级平台企业包括美云智数科技有限公司、金蝶软件（中国）有限公司、科大讯飞股份有限公司、湖北格创东智科技有限公司、朗坤智慧科技股份有限公司、树根互联股份有限公司、重庆忽米网络科技有限公司、深圳市腾讯计算机系统有限公司、江苏中天互联科技有限公司、中冶赛迪信息技术（重庆）有限公司、江苏亨通数字智能科技有限公司、华为技术有限公司、华润数科控股有限公司、中科云谷科技有限公司、河钢数字技术股份有限公司、广东亿迅科技有限公司、中国移动通信集团有限公司、大唐互联科技（武汉）有限公司、青岛檬豆网络科技有限公司、中电工业互联网有限公司、京东科技控股股份有限公司、无锡雪浪数制科技有限公司、广域铭岛数字科技有限公司、四川长虹电器股份有限公司、国网山东省电力公司、安徽海行云物联科技有限公司、天瑞集团信息科技有限公司、中建材玻璃新材料研究院集团有限公司、山东胜软科技股份有限公司、阿里云计算有限公司、江西国泰集团股份有限公司、广州赛意信息科技股份有限公司、橙色云互联网设计有限公司、东方电气集团科学技术研究院有限公司、鞍钢集团自动化有限公司；C级平台企业包括上海电气集团数字科技有限公司、航天新长征大道科技有限公司、特变电工股份有限公司、富士康工业互联网股份有限公司。

"双跨"平台重点围绕平台资源管理水平、核心技术水平、赋能成效、社会贡献度、可持续发展能力五个维度的二十一项细化指标对工业互联网平台进行评价。一是平台资源管理水平。工业互联网平台需具备较强的设备管理能力、较强的工业知识沉淀能力和良好的用户基础。二是平台核心技术水平。工业互联网平台应具有较强的技术创新能力和融合能力、良好的开发环境和开发工具、较强的应用自研能力。三是平台赋能成效方面。工业互联网平台应具有行业特色解决方案，能够显著解决制造业数字化转型痛点问题，满足区域产业数字化转型需求，进园区、进基地成效显著，并能够积极拓展国际业务。四是平台社会贡献度方面。工业互联网平台应具备在重大事件、重大风险防范方面的支撑作用，如支撑国家重要部署，参与部重点工作。五是平台可持续发展能力。工业互联网平台应具有较好的投资回报能力、公司资源调配能力、良好的生态运营水平，以及汇聚各方资源创新发展的能力。

在"双跨"平台引领带动下，截至2024年12月月底，全国工业互联网平台连接设备超1.02亿套，工业互联网平台应用普及率达到

40.51%，平台生态有序完善，技术耦合不断增强，工业软件云化实现突破，赋能成效日益显著，双链支撑持续强化，服务治理效能加速增进，国际拓展优势渐显，驱动发展内力强劲，逐渐成为推动实数深度融合的硬支撑、引领高质量发展的强引擎及未来竞争的新优势。

## 101. 什么是智能工厂？

智能工厂作为实现智能制造的主要载体，是制造业数字化转型、智能化升级的主战场。通过人工智能等数智技术融合应用，开展生产设备和信息系统集成贯通和智能升级，推动业务模式和企业形态创新，实现产品全生命周期、生产制造全过程和供应链全环节的综合优化和效率、效益的全面提升。

2024年10月，由工业和信息化部、国家发展和改革委员会、财政部、国务院国有资产监督管理委员会、国家市场监督管理总局、国家数据局联合印发的《关于开展2024年度智能工厂梯度培育行动的通知》（工信厅联通装函〔2024〕399号），提出部署智能工厂梯度培育行动，力争通过五到十年持续培育，分级建设一批智能工厂，带动一批智能制造装备、工业软件、系统解决方案和标准应用突破，加速以新一代人工智能为代表的新一代信息技术和先进制造技术深度融合，培育形成一批未来制造模式，推动研发范式、生产方式、服务体系和组织架构变革创新。一是普及推广基础级智能工厂。鼓励制造企业制定智能工厂建设提升计划，部署必要的智能制造装备、工业软件和系统，加快生产过程升级改造，并对照基础级智能工厂要素条件自检自评。鼓励基础级智能工厂总结凝练典型场景、推动普及推广。二是规模建设先进级智能工厂。鼓励基础级智能工厂推动生产、管理等重点环节集成互通和协同管控，向先进级智能工厂升级。鼓励先进级智能工厂强化成果经验总结，形成具有区域、行业特色的数字化转型智能化升级发展路径。三是择优打造卓越级智能工厂。鼓励先进级智能工厂推进制造各环节集成贯通和综合优化，向卓越级智能工厂跃升。支持卓越级智能工厂积极培育智能制造系统解决方案和标准并复制推广，推动能力共享和协同升级。四是探索培育领航级智能工厂。鼓励卓越级智能工厂推动新一代人工智能等数智技术的深度应用，探索未来制造模式，向领航级智能工厂迈进。鼓励领航级智能工厂积极对外输出新技术、新工艺、新装备和新模式，引领研发范式、生产方式、服务体系和组织架构变革。

截至 2025 年 2 月月底，全国已建成 3 万余家基础级智能工厂、1 200 余家先进级智能工厂、230 余家卓越级智能工厂。其中，卓越级智能工厂分布在全国 31 个省（区、市），覆盖超过 80% 的制造业行业大类，共建设智能仓储、在线智能检测、产品数字化研发设计、智能排产调度、质量追溯与分析改进等优秀场景近 2 000 个，工厂产品研发周期平均缩短 28.4%，生产效率平均提升 22.3%，不良品率平均下降 50.2%，碳排放平均减少 20.4%，提质增效降碳成效显著。

## 102. 什么是"数字三品"？

"数字三品"是通过数字化手段推动消费品工业实现增品种、提品质、创品牌三大战略目标。2022 年 6 月，由工业和信息化部、商务部、国家市场监督管理总局、国家药品监督管理局、国家知识产权局联合印发的《数字化助力消费品工业"三品"行动方案》（工信部联消费〔2022〕79 号），明确提出要通过数字化手段培育形成一批新品、名品、精品，提升品种引领力、品质竞争力和品牌影响力，满足人民日益增长的美好生活需要。

数字增品种主要是推出更多创新产品，顺应消费升级趋势，推广数字化研发设计，促进产品迭代更新，推进个性化定制和柔性生产，重塑产品开发生产模式；数字提品质主要是推动数字化、绿色化协同，扩大绿色消费品供给，加强追溯体系建设，提振消费信心，加深智慧供应链管理，提升产业链协同效率；数字创品牌，主要是借力数字技术打造知名品牌，借势数字变革培育新锐精品，借助数字服务塑造区域品牌新优势。

### 103. 什么是制造业数字化转型促进中心？

制造业数字化转型促进中心是以促进制造业企业深化数智技术应用、提高发展质量、效率和效益为目标，以"聚能+赋能"为核心，以"行业+区域+平台"为导向，分行业、分区域建设的一批既懂行业又懂制造业的制造业数字化转型促进中心。2024年5月，由国务院办公厅印发的《制造业数字化转型行动方案》，明确提出"建设一批深耕行业的制造业数字化转型促进中心"，促进中心提供多样化服务。一是评估咨询。基于制造业数字化转型通用评估指标体系及重点行业数字化转型成熟度评估标准，面向制造业企业开展建档立卡、评估诊断，实施行业、区域制造业数字化转型监测。面向重点行业提炼典型场景明确转型方向，开展数字化改造规划与技术方案设计。二是方案开发。针对主导产业数字化转型的共性问题，围绕企业研发设计、生产制造、经营管理、营销服务、供应链协同、信息安全等各环节各领域转型需求，组织相关技术服务商与科研机构共同开发标准化、模块化、货架式、专业化的技术产品和解决方案，并提供针对性、定制化方案开发服务。三是转型实施。为企业提供数字化转型实施服务，制定操作细则，发挥工程总包作用，整合相关软硬件服务商，共同开展工程实施，提供后期运维服务。四是资源整合。突出体制机制创新和功能模式创新，汇聚政府、企业、高校、科研机构、行业组织和专家等各方资源，整合技术、产品、解决方案、基础设施、标准、安全防护等各类要素，打造转型工具箱、资源池、方案库、标准库等，促进资源开放与流通共享。五是生态营造。通过活动、培训、竞赛、调研等多种形式促进行业交流合作，总结提炼企业优秀案例和典型经验，复制推广新做法新模式，积极推进产融产教合作，协助开展政策宣贯与组织推进，确保政策实施有成效。六是增值服务。面向重点行业探索建设数据集、模型库、算法库，促进行业知识经验沉淀、转化与复用，打造数字化技术、产品与解决方案测试验证检测能力，加快新技术、新产品培育推广，孵化深耕细分领域和具体业务的数字化转型服务商。

  2025年，工业和信息化部将聚焦钢铁、有色、石化化工、建材、装备工业、汽车、航空、船舶、电力装备、纺织、轻工、医药、食品、电子信息制造业14个重点行业，立足地方特色优势和转型需求，在相关重点产业集中的地区遴选建设一批既深耕行业又懂数字化的制造业数字化转型促进中心，更好地发挥对制造业数字化转型的赋能作用。

## 第三节 构建两化融合公共服务体系

### 104. 两化融合的支持政策有哪些？

为鼓励和支持企业两化融合发展，各级政府部门出台了一系列优惠支持政策，主要包括"双软"企业税收优惠、研发费用加计扣除、"三首"产品保险补偿、"上云用算"优惠券等。在"双软"企业税收优惠方面，依据国务院发布的《鼓励软件产业和集成电路产业发展的若干政策》（国发〔2000〕18号），对在我国境内设立的软件企业，给予企业所得税"两免三减半"的优惠政策。在研发费用加计扣除方面，依据工业和信息化部、国家发展和改革委员会、财政部、国家税务总局发布的《关于开展2023年度享受研发费用加计扣除政策的工业母机企业清单制定工作的通知》（工信部联通装函〔2024〕60号），对符合条件的工业母机企业，给予研发费用加计扣除优惠政策。在"三首"产品保险补偿方面，依据工业和信息化部、财政部、金融监管总局发布的《关于进一步完善首台（套）重大技术装备首批次新材料保险补偿政策的意见》（工信部联重装〔2024〕89号），对"三首"产品投保等方面给予政策支持。在"上云用算"优惠券方面，江苏、山东等地推出"上云券""算力券"等优惠政策措施，为中小企业"上云用算"提供支持。

### 105. 两化融合领域的标准有哪些？

目前，从事两化融合相关领域标准化工作的技术组织主要包括全国信息化和工业化融合管理标准化技术委员会（SAC/TC573）、全国信息技术标准化技术委员会（SAC/TC28）、全国工业过程测量控制和自动化标准化技术委员会（SAC/TC124）等，其中，TC573负责两化融合管理领域标准化工作，TC28负责信息技术领域标准化工作，TC124负责工业过程测量和控制领域标准化工作。现有两化融合领域标准主要包括两化融合管理体系、数字化转型、工业互联网平台、智能制造、数字化供应链、设备数字化管理、制造业数字化仿真、工业数据、工业软件等。

开展两化融合领域标准化工作时，主要可通过全国标准信息公共服务平台、工业和信息化标准信息服务平台、两化融合标准化公共服务平台、数字化转型标准服务平台等进行相关标准的检索和阅览。

全国标准信息公共服务平台（https://std.samr.gov.cn）可查询国家标准、行业标准、地方标准、团体标准、企业标准、国际标准、国外标准、示范试点及标委会等相关信息，平台用户可通过检索功能，查询相关标准名称、状态、基础信息、起草单位、起草人及相近标准情况等，部分现行标准支持全文在线预览和文件下载。

工业和信息化标准信息服务平台（https://std.miit.gov.cn）可查询工业和信息化领域行业标准相关信息，平台用户可在网站中进行标准立项申报、标准项目立项情况跟踪、对公示项目提交意见、数据查询分析统计等工作。

两化融合标准化公共服务平台（https://www.siiidt.org.cn）聚焦两化深度融合和产业数字化转型的实际工作需求，整合全国优质标准化资源，具有数字化转型标准情报跟踪、标准资源库、标准知识服务、标准流程监控、成果推荐等功能，支持标准资源的分类检索、在线预览和批量下载，可为用户提供便捷、精准、丰富、及时的数字化转型标准公共服务，赋能两化深度融合和制造业数字化转型。

数字化转型标准服务平台（http://dtmmep.cn/dtsp）是围绕诊断评估、服务商资源池、供需对接、数字化标准服务等方面，建设的制造业数字化转型供需服务平台。数字化转型标准服务平台搭建了用户管理、服务商管理、评估系统、智能匹配系统等多个独立的服务模块，实现企业与服务商之间的精准匹配，打造数字化转型"标准+"服

第七章　两化融合的推进举措

务站。

### ◆ 106. 两化融合领域的公共服务平台有哪些?

两化融合领域的公共服务平台可提供评估监测、供需对接、融资管理等公共服务，是支撑广大企业融合发展水平稳步提升的重要载体，其中较为典型的平台包括两化融合公共服务平台、智能制造数据资源公共服务平台、国家产融合作平台、中国中小企业服务网、基于典型场景的产业链数字化转型赋能公共服务平台，以及制造业数字化转型综合信息服务平台。

两化融合公共服务平台（https://www.cspiii.com）由工业和信息化部指导、国家工业信息安全发展研究中心建设并运营。两化融合公共服务平台聚焦两化融合、数字化转型领域，可为企业提供现状评估、供需对接等服务，并为各级主管部门提供区域及行业两化融合发展现状态势监测等服务，全面助力各方精准施策决策。

智能制造数据资源公共服务平台（https://www.miit-imps.com）由工业和信息化部指导、中国信息通信研究院等单位牵头建设并运营。智能制造数据资源公共服务平台汇聚了政策资讯、场景案例、产业供给等多维数据，提供评估评测、案例对标、供需对接、生态服务等一站式服务能力，可引导企业从典型场景切入，模块化、标准化开展智能工厂建设，加快制造业数字化转型智能化升级步伐。

国家产融合作平台（https://crpt.miit.gov.cn）依托工业和信息化部政务一体化平台建设规范，由工业和信息化部及其他相关单位建设并运营，主要面向政府部门、产业企业和金融机构三大服务对象。国家产融合作平台聚焦产融政策管理与公共服务线上化、数据分析与信息对接智能化、能力建设与多方合作生态化，可帮助企业解决融资难、融资贵问题，提高产融对接效率，支撑重点产业政策精准落地，促进产业良性发展。

中国中小企业服务网（https://www.chinasme.cn）由工业和信息

化部指导，由中国中小企业发展促进中心牵头建设。中国中小企业服务网主要为中小企业提供多种供需对接和企业自测服务，包括找政策、找市场、找人才、找培训、找算力、找服务、汇办事等多种服务功能，可帮助中小企业积累和推广行业应用场景，实现降本增效。

基于典型场景的产业链数字化转型赋能公共服务平台（https://www.dticts.cn）是由工业和信息化部指导、国家工业信息安全发展研究中心牵头的在建公共服务平台。基于典型场景的产业链数字化转型赋能公共服务平台主要提供数字化转型场景图谱构建、场景数字化建模、数字化资源适配、产业链数字化水平评估等服务，可引导产业链上中下游企业以"场景"为切入点，协同实施数字化改造，加快获得转型实效。

制造业数字化转型综合信息服务平台（https://szgx.miit.gov.cn/zzyszh/home）依托工业和信息化部政务一体化平台建设规范，由工业和信息化部及其他相关单位建设并运营。制造业数字化转型综合信息服务平台依托制造业数字化转型通用评估指标体系，旨在统一汇聚全国制造业企业数字化转型评估数据，面向地方政府和企业提供免费的对标对表、政策信息、业务咨询、供需对接等多样化服务，打造服务支撑制造业数字化转型的权威性、综合性、公益性国家级平台，全面推动全国制造业数字化转型。

# 附　录
## 常见名词解释

附录　常见名词解释

### 1. 数字孪生

数字孪生①（Digital Twin）是具有保证物理状态和虚拟状态之间以适当速率和精度同步的数据连接的特定目标实体的数字化表达。

### 2. 计算机辅助设计

计算机辅助设计[1]（Computer Aided Design，CAD）是利用计算机及图形设备辅助设计人员进行设计的技术。它的应用范围广泛，包括从需要满足复杂工程需求的机械产品设计、电子产品设计、火电厂设计、水电站设计、建筑设计，到追求创意和美感的美术设计、广告设计、时装设计等。CAD 的功能可归纳为四大类：数字建模、工程分析、动态模拟和自动绘图。一个完整的 CAD 系统，由人机交互接口、科学计算、图形系统和工程数据库等组成。CAD 可以加快设计速度，提高设计质量，降低设计成本，完成常人难以完成的设计任务。

### 3. 计算机辅助工程

计算机辅助工程②（Computer Aided Engineering，CAE）是用计算机辅助解决复杂工程和产品结构强度、刚度、屈曲稳定性、动力响应、热传导、三维多体接触、弹塑性等力学性能的分析计算，以及结构性能的优化设计等问题的一种工具。CAE 现已成为航空、航天、机械、土木结构等工程领域中必不可少的数值计算与仿真分析的工具，同时也是分析连续力学各类问题的一种重要手段。

---

① 国家市场监督管理总局国家标准化管理委员会. 信息技术 数字孪生 第 1 部分:通用要求:GB/T 43441.1—2023[S]. 北京:中国标准出版社, 2023.

② 王济昌, 王晓琍. 现代科学技术名词选编[M]. 郑州:河南科学技术出版社, 2006.

### 4. 计算机辅助工艺过程设计

计算机辅助工艺设计[①]（Computer Aided Process Planning,CAPP）是在制造过程中使用计算机来辅助零件或产品工艺规划的一种技术。CAPP向上与CAD相接，向下与CAM相连，是设计与制造之间的桥梁，可以缩短工艺设计周期，对设计变更做出快速响应，提高工艺部门的工作效率和工作质量。近年来，CAPP的研究应用工作取得了长足的进展，由传统单一的工艺设计功能转变为融工艺设计、版本演化、流程管理、权限设置、数据维护、格式输出、统计分析和辅助决策等功能为一体的、客户/服务器结构的集成化协同工作平台，开始在企业中获得较大范围的应用，并逐步走向商品化和产业化。

### 5. 计算机辅助制造

计算机辅助制造[②]（Computer-Aided Manufacturing,CAM）是利用计算机分级结构将产品的设计信息自动地转换成制造信息，以控制产品的加工、装配、检验、试验、包装等全过程，以及与这些过程有关的全部物流系统和初步的生产系统。CAM把计算机引入到生产过程的各个阶段，通过人机结合实施监视、控制和管理，以提高生产效率，确保产品质量，进一步提高生产过程的自动化水平。

### 6. 物资需求计划

物资需求计划[③]（Material Requirement Planning,MRP）是一种基

---

① 贾中印,纪春明. CAD到CAM过程中计算机辅助工艺设计的研究[J]. 科技资讯,2006(17):141-142.
② 丁年雄. 机械加工工艺辞典[M]. 北京:学苑出版社,1990.
③ 余凤. 物资需求计划管理考核标准的探析[J]. 石油工业技术监督,2011,27(04):47-50.

于销售预测市场需求的管理系统，多用于制造型企业，帮助企业做出明智的采购决策，安排原材料交付，确定满足生产所需的材料数量，以及制定劳动计划。MRP不仅对控制供应风险有着极其重要的作用，还对降低物资供应成本起着关键的作用。MRP能够提高需求的标准化、集合化程度，充分发挥规模化采购优势，起到降本增效的效应。

## 7. 企业资源计划

企业资源计划[①]（Enterprise Resource Planning，ERP）是一个统一管理企业人、财、物、信息，以及供、产、销市场的大型集成信息管理系统。ERP系统将大量业务流程联系在一起，实现了各业务流程之间的数据流动。通过实施有效的资源规划，能够使企业资源在各方面得到合理配置和利用，提高企业经营效率。从20世纪60年代的MRP，到90年代的ERP，每隔30年，企业管理软件都会经历一次跨越式的升级与变革。当今世界已经从信息时代发展到数字时代，企业内外部环境发生了巨大的变化，传统ERP已经无法满足数字时代下企业的期望，当前管理软件已进入EBC（Enterprise Business Capacity，企业业务能力）时代。

## 8. 客户关系管理

客户关系管理（Customer Relationship Management，CRM）是运用客户关系管理的思想，通过业务流程与组织的变革，实现具有客户关系管理各项功能的信息系统。其最终目标是吸引新客户、维系老客户，以及将现有客户转为忠实客户，不断增加市场。在实际应用ERP的过程中发现，ERP系统并没有很好地实现对客户的管理。20世纪90年代末期，信息技术快速发展，1999年，美国Gartner公司提出了CRM的概念。从20世纪90年代末期开始，CRM市场一直处于一种爆炸式增

---

① 沈孟璎. 新中国60年新词新语词典[M]. 成都：四川辞书出版社，2009.

长的状态。

## 9. 供应链管理

供应链管理①（Supply Chain Management,SCM）是对企业供应链的管理，包括对需求、原材料采购、市场、生产、库存、订单、分销和发货等的管理，涵盖从生产到发货、从供应商到顾客的每一个环节。SCM 通过改善上、下游供应链关系，整合和优化供应链中的信息流、物流、资金流，提高企业的竞争优势。SCM 具体包括如下益处：增加预测的准确性；减少库存，提高发货供货能力；减少工作流程周期，提高生产率，降低供应链成本；减少总体采购成本，缩短生产周期，加快市场响应速度。

## 10. 产品生命周期管理

产品生命周期管理②（Product Lifecycle Management,PLM）是一种支持产品全生命周期信息的创建、管理、分发和应用的一系列计算机应用解决方案。PLM 是一种先进的企业信息化思想，可以从 ERP、CRM、SCM 系统中提取相关的资讯，并将其与产品知识发生关联，进而用于扩展型企业。它确保了从制造到市场、从采购到支持的所有人员都能够更快速、高效地工作。

## 11. 故障预测与健康管理

故障预测与健康管理③（Prognostics Health Management,PHM）是利用大量状态监测数据和信息，借助各种故障模型和人工智能算法，

---

① 李进良,倪健中. 信息网络辞典[M]. 北京:东方出版社,2001.
② 管理科学技术名词审定委员会. 管理科学技术名词[M]. 北京:科学出版社,2016.
③ 年夫顺. 关于故障预测与健康管理技术的几点认识[J]. 仪器仪表学报,2018,39(08):1–14.

监测、诊断、预测和管理设备健康状态的技术。它是一种集故障检测、隔离、健康预测与评估及维护决策于一身的综合技术。相较于传统的故障后维修或定期检修等基于当前健康状态的故障检测与诊断方式，PHM是对未来健康状态的预测，将被动式的维修活动转化为先导性的维护保障活动。PHM通过预测故障隐患和可靠工作寿命，提高设备安全性，最大限度地降低故障的影响，避免重大事故发生；通过科学评估设备健康状态，自动生成设备维修规划和维修策略，提高设备的维修保障效率，降低维修保障费用。

## ◆ 12. 制造运行管理

制造运行管理[①]（Manufacturing Operation Management，MOM）是整合所有生产流程，从而改善质量管理、高级规划和调度、制造执行系统、研发管理等方面的整体解决方案。MOM聚合了控制、自动化及数据采集与监视控制系统中的海量数据并将其转换成关于生产运营的有用信息。通过结合自动化数据和从员工，以及其他过程所获取到的数据，MOM为全面、实时地观察所有工厂及整个供应链提供了可能。

## ◆ 13. 仓储管理系统

仓储管理系统[②]（Warehouse Management System，WMS）是管理仓库内部的人员、库存、工作时间、订单和设备的工具。WMS按照业务规则和运算法则，对信息、资源、行为、存货和分销进行管理。通过入库与出库作业及仓库和库存调拨功能的应用对物流成本进行有效追踪，并以此来实现仓库管理的科学化和规范化[③]。

---

[①] 肖力墡，苏宏业，褚健. 基于IEC/ISO62264标准的制造运行管理系统[J]. 计算机集成制造系统，2011，17(7)：1420-1429.

[②] 牛鱼龙，刘彦，等. 货运物流实用手册[M]. 北京：人民交通出版社，2005.

[③] 顾旻. WMS系统在仓储物流中的应用[J]. 新经济，2014(Z1)：87-88.

### 14. 故障模式与影响分析

故障模式与影响分析[1]（Failure Modes and Effect Analysis，FMEA）是对系统中每一个潜在的故障模式进行分析，确定其对系统所产生的影响，从而识别系统中的薄弱环节，为制定改进控制措施提供依据的分析方法。FMEA 属于"事前预防"，而非"事后纠正"，是一种具有前瞻性的可靠性分析和安全性评估方法。它不仅能从定性的角度上分析产品是否满足功能安全要求，还能为各类故障率计算和安全完整性等级判定提供有效数据支撑，在预防事故的保护机制系统中被广泛使用。

### 15. 制造执行系统

制造执行系统[2]（Manufacturing Execution System，MES）是一套面向制造企业车间执行层的生产信息化管理系统。MES 可以为企业提供包括制造数据管理、计划排产管理、生产调度管理、库存管理、质量管理、人力资源管理、工作中心/设备管理、工具工装管理、采购管理、成本管理、项目看板管理、生产过程控制、底层数据集成分析、上层数据集成分解等管理模块，为企业打造一个扎实、可靠、全面、可行的制造协同管理平台。

---

[1] 戴云徽，韩之俊，朱海荣. 故障模式及影响分析（FMEA）研究进展[J]. 中国质量，2007（10）：23-26.

[2] 王连骁，张兆明，邢正双. 制造执行系统在发动机试制中的应用及发展趋势[J]. 柴油机设计与制造，2018，24(04)：44-48.

### 16. 高级计划与排程

高级计划与排程①（Advanced Planning and Scheduling，APS）是基于供应链管理和约束理论的先进计划与排程工具。APS系统通过制定合理优化的详细生产计划，将实绩与计划结合，接收MES制造执行系统或者其他工序完工反馈信息，解决"在有限产能条件下，交期产能精确预测、工序生产与物料供应最优详细计划"的问题。通过应用APS系统，企业能够提高订单准时交货率，缩短订单生产过程时间，快速解决插单难题，减少机台产线停机和等待时间，减少物料采购提前期，减少生产缺料现象，减少物料、半成品、成品的库存，减少生产的人力需求，让员工工作时更轻松、更高效。

### 17. 先进过程控制

先进过程控制②（Advanced Process Control，APC）是相对于传统控制技术而言具有更好控制效果的控制策略的统称，是提高过程控制质量、解决复杂过程控制问题的理论和技术。先进控制技术包括预测控制、自适应控制、鲁棒控制、智能控制和软测量技术等。APC在优化装置的控制水平和提高生产过程管理水平的同时，还能够最大限度地提高目的产品生产率、降低消耗，为企业创造可观的经济效益。

### 18. 集散式控制系统

集散式控制系统（Distributed Control System，DCS）是一种对生产过程进行集中管理和分散控制的计算机控制系统，是随着现代大型工业

---

① 刘亮, 齐二石. 高级计划与排程在MTO型企业中的应用研究[J]. 组合机床与自动化加工技术, 2006.

② 薛耀锋, 袁景淇. 先进过程控制技术及应用[J]. 自动化博览, 2004(06):5-9.

生产自动化水平的不断提高和过程控制的要求日益复杂而产生的综合控制系统。集散式控制系统融合了计算机技术、网络技术、通信技术和自动控制技术，采用分散控制和集中管理的设计思想，分而自治和综合协调的设计原则，具有层次化的体系结构。

## 19. 测量系统分析

测量系统分析[①]（Measurement Systems Analysis）是根据质量管理的标准和要求，以统计分析结果和各类图表直观形象地分析测量系统的偏倚、线性、稳定性、重复性、再现性等各项变差，使非统计质量管理人员也能够对测量系统进行分析的工具。测量系统包括参与测量过程的仪器或量具、标准、操作、夹具、软件、人员和环境等，各个环节均有可能带来测量误差。测量系统分析能够综合评估测量系统的状态并确定测量系统误差的主要成分。

---

① 唐中一，俞磊，倪伟. 测量系统分析（MSA）及其软件设计[J]. 现代电子技术，2007(23):126-127.